中国编辑学会组编

中国科技之路
建筑卷

中宣部主题出版
重点出版物

# 中国建造

本卷主编 肖绪文

中国建筑工业出版社
·北京·

图书在版编目（CIP）数据

中国科技之路. 建筑卷. 中国建造／中国编辑学会
组编；肖绪文本卷主编. -- 北京：中国建筑工业出版
社，2021.6
ISBN 978-7-112-26178-9

Ⅰ. ①中… Ⅱ. ①中… ②肖… Ⅲ. ①技术史—中国
—现代 ②建筑工程—工程技术—技术史—中国—现代
Ⅳ. ① N092 ② TU-092

中国版本图书馆 CIP 数据核字（2021）第 092928 号

## 内 容 提 要

在中国共产党的领导下，自新中国成立以来，城乡面貌和住房条件都发生了巨大变化。本书系统全面展示了中国建造的重大成就，并以特色工程案例引出相应的建造技术，展示国家重大科技进步。

本书第一篇聚焦中国建造的三个发展阶段以及主要成就：北京大兴国际机场、上海中心大厦、武汉火神山和雷神山医院等各类"高、精、特、难"工程的建设实施，这些成就让世界对中国建筑业的建造实力和建造速度表示惊叹。第二篇选取中国建造所涉及的十三大领域，讲述关键技术成果及重大科技进步，同时以小知识的形式将中国建造中的关键人物、优秀团体、科技术语进行描绘，增加趣味性与可读性。第三篇描述了中国建造的未来。未来建筑将通过绿色建造、智能建造、精益建造，为人们提供更加舒适宜居的工作生活环境，走向更加美好的未来。

中国科技之路 建筑卷 中国建造
ZHONGGUO KEJI ZHI LU JIANZHU JUAN ZHONGGUO JIANZAO

◆ 组　　编　中国编辑学会
　 本卷主编　肖绪文
　 责任编辑　郑淮兵　范业庶　朱晓瑜　陈小娟
　 责任印制　杨慧芳

◆ 中国建筑工业出版社出版发行　北京海淀三里河路9号
　 网址 http://www.cabp.com.cn
　 北京盛通印刷股份有限公司印刷

◆ 开本：720×1000 1/16
　 印张：17¾　　　　　　　　　 2021年6月第1版
　 字数：225千字　　　　　　　 2021年6月北京第1次印刷

定价：100.00元

读者服务热线：（010）68359205　印装质量热线：（010）58337463
反盗版热线：（010）58337190

# 《中国科技之路》出版工作委员会

# 建筑卷编委会

**主　　编：** 肖绪文

**副主编：** 叶浩文　龚　剑　邵韦平

**编　　委：**（按姓氏笔画排序）

马　超　王　羽　王小工　王冬雁　石　华　卢　鹏

叶浩文　田海涛　包延慧　刘　伟　刘　星　刘　彬

刘　淼　刘九玲　刘方磊　刘若南　刘婧妍　刘敬疆

孙成群　孙金桥　苏世龙　苏衍江　李　婕　李艾桦

李梦垚　杨　滔　杨佳林　杨思宇　肖　筠　肖绪文

吴联定　邱德隆　张　蔚　张　磊　张　鑫　张旭东

张晋勋　张爱民　张娟芝　张常杰　张澜沁　陈　伟

陈　华　陈　鹏　邵韦平　罗　兰　单立欣　房霆宸

赵　锂　赵　鹏　赵一新　段先军　娄　霓　徐宏庆

徐非凡　黄　宁　黄　刚　龚　剑　韩慧卿　雷素素

詹柏楠　褚　平　蔡　明　鞠德东

**项目组组长：** 咸大庆　沈元勤

**项目组副组长：** 黄　宁　刘　星　郑淮兵　范业庶

# 做好科学普及，是科学家的责任和使命

中国科技事业在党的领导下，走出了一条中国特色科技创新之路。从革命时期高度重视知识分子工作，到新中国成立后吹响"向科学进军"的号角，到改革开放提出"科学技术是第一生产力"的论断；从进入新世纪深入实施知识创新工程、科教兴国战略、人才强国战略，不断完善国家创新体系、建设创新型国家，到党的十八大后提出创新是第一动力、全面实施创新驱动发展战略、建设世界科技强国，科技事业在党和人民事业中始终具有十分重要的战略地位、发挥了十分重要的战略作用。党的十九大以来，党中央全面分析国际科技创新竞争态势，深入研判国内外发展形势，针对我国科技事业面临的突出问题和挑战，坚持把科技创新摆在国家发展全局的核心位置，全面谋划科技创新工作。通过全社会共同努力，重大创新成果竞相涌现，一些前沿领域开始进入并跑、领跑阶段，科技实力正在从量的积累迈向质的飞跃，从点的突破迈向系统能力提升。

科技兴则民族兴，科技强则国家强。2016 年 5 月 30 日，习近平总书记在"科技三会"上指出："科技创新、科学普及是实现创新发展的两翼，要把科学普及放在与科技创新同等重要的位置"，希望广大科技工作者以提高全民科学素质为己任，"在全社会推动形成讲科学、爱科学、学科学、用科学的良好氛围，使蕴藏在亿万人民中间的创新智慧充分释放、创新力量充分涌流"。站在"两个一百年"奋斗目标历史交汇点上，我国正处于加快实现科技自立自强、建设世界科技强国的伟大征程中。在新的发展阶段，做好科学普及、提升公民科学素质、厚植科学文化，既是建设世界科技强国的迫切需要，也是中国科学家义不容辞的社会责任和历史使命。

为此，中国编辑学会组织 15 家中央级科技出版单位共同策划，邀请各领域院士和专家联合创作了《中国科技之路》科普图书。这套书以习近平新时代中国特色社会主义思想为指导，以反映新中国科技发展成就为重点，以文、图、音频、视频相结合的直观呈现形式为载体，旨在激励全国人民为努力实现中华民族伟大复兴的中国梦而奋斗。《中国科技之路》于 2020 年列入中宣部主题出版重点出版物选题，分为总览卷、信息卷、交通卷、建筑卷、卫生卷、中医药卷、核工业卷、航天卷、航空卷、石油卷、海洋卷、水利卷、电力卷、农业卷、林草卷共 15 卷，相关领域的两院院士担任主编，内容兼具权威性和普及性。《中国科技之路》力图展示中国科技发展道路所蕴含的文化自信和创新自信，激励我国科技工作者和广大读者继承与发扬老一辈科学家胸怀祖国、服务人民的优秀品质，不负伟大时代，矢志自立自强，努力在建设科技强国实现复兴伟业的征程中作出更大贡献。

侯建国

中国科学院院士

《中国科技之路》编委会主任

2021 年 6 月

# 科技开辟崛起之路　出版见证历史辉煌

2021 年是中国共产党百年华诞。百年征程波澜壮阔，回首一路走来，惊涛骇浪中创造出伟大成就；百年未有之大变局，我们正处其中，踏上漫漫征途，书写世界奇迹。如今，站在"两个一百年"的历史交汇点上，"十三五"成就厚重，"十四五"开局起步，全面建设社会主义现代化国家新征程已经启航。面向建设科技强国的伟大目标，科技出版人将与科技工作者一起奋斗前行，我们感到无比荣幸。

2021 年 3 月，习近平总书记在《求是》杂志上发表文章《努力成为世界主要科学中心和创新高地》，他指出："科学技术从来没有像今天这样深刻影响着国家前途命运，从来没有像今天这样深刻影响着人民生活福祉""中国要强盛、要复兴，就一定要大力发展科学技术，努力成为世界主要科学中心和创新高地。我们比历史上任何时期都更接近中华民族伟大复兴的目标，我们比历史上任何时期都更需要建设世界科技强国！"在这样的历史背景下，科学文化、创新文化及其所形成的科普、科学氛围，对于提升国民的现代化素质，对于实施创新驱动发展战略，不仅十分重要，而且迫切需要。

中国编辑学会是精神食粮的生产者，先进文化的传播者，民族素质的培育者，社会文明的建设者。普及科学文化，努力形成创新氛围，让科学理论之弘扬与科学事业之发展同步，让科学文化和科学精神成为主流文化的核心内涵，推出高品位、高质量、可读性强、启发性深的科技出版物，这是一条举足轻重的发展路径，也是我们肩负的光荣使命，更是国际竞争对我们的强烈呼唤。秉持这样的初心，中国编辑学会在 2019年 7 月召开项目论证会，确定以贯彻落实党和国家实施创新驱动发展战略、建设科技强国的重大决策为切入点，编辑出版一套为国家战略所必需、为国民所期待的精品力作，展现我国科技实力，营造浓厚科学文化氛围。随后，中国编辑学会组织了半年多的调研论证，经过数番讨论，几易方案，终于在 2020 年年初决定由中国编辑学会主持策划，由学会科技读物编辑专业委员会具体实施，组织人民邮电出版社、科学出版社、中国水利水电出版社等 15 家出版社共同打造《中国科技之路》，以此向中国共产党成立 100 周年献礼。2020 年 6 月，《中国科技之路》入选中宣部 2020 年主题出版重点出版物。

《中国科技之路》以在中国共产党领导下，我国科技事业壮丽辉煌的发展历程、主要成就、关键节点和历史意义为主题，全面展示我国取得的重大科技成果，系统总结我国科技发展的历史经验，普及科技知识，传递科学精神，为未来的发展路径提供重要启示。《中国科技之路》服务党和国家工作大局，站在民族复兴的高度，选择与国计民生息息相关的方向，呈现我国各行业有代表性的高精尖科研成果，共计 15 卷，包括总览卷、信息卷、交通卷、建筑卷、卫生卷、中医药卷、核工业卷、航天卷、航空卷、石油卷、海洋卷、水利卷、电力卷、农业卷和林草卷。

　　今天中国的科技腾飞、国泰民安举世瞩目，那是从烈火中锻来、向薄冰上履过，其背后蕴藏的自力更生、不懈创新的故事更值得点赞。特别是在当今世界，实施创新驱动发展战略决定着中华民族前途命运，全党全社会都在不断加深认识科技创新的巨大作用，把创新驱动发展作为面向未来的一项重大战略。基于这样的认识，《中国科技之路》充分梳理挖掘历史资料，在内容结构上既反映科技领域的发展概况，又聚焦有重大影响力的技术亮点，既展示重大成果、科技之美，又讲述背后的奋斗故事、历史经验。从某种意义上来说，《中国科技之路》是一部奋斗故事集，它由诸多勇攀高峰的科研人员主笔书写，浸透着科技的力量，饱含着爱国的热情，其贯穿的科学精神将长存在历史的长河中。这就是"中国力量"的魂魄和标志！

　　《中国科技之路》的出版单位都是中央级科技类出版社，阵容强大；各卷均由中国科学院院士或者中国工程院院士担任主编，作者权威。我们专门邀请了著名科技出版专家、中国出版协会原副主席周谊同志以及相关领导和专家作为策划，进行总体设计，并实施全程指导。我们还成立了《中国科技之路》编委会和出版工作委员会，组织召开了20多次线上、线下的讨论会、论证会、审稿会。诸位专家、学者，以及15家出版社的总编辑（或社长）和他们带领的骨干编辑们，以极大的热情投入到图书的创作和出版工作中来。另外，《中国科技之路》的制作融文、图、音频、视频、动画等于一体，我们期望以现代技术手段，用创新的表现手法，最大限度地提升读者的阅读体验，并将之转化成深邃磅礴的科技力量。

　　2016 年 5 月，习近平总书记在哲学社会科学工作座谈会上发表讲话指出，自古以来，我国知识分子就有"为天地立心，为生民立命，为往圣继绝学，为万世开太平"的志向和传统。为世界确立文化价值，为人民提供幸福保障，传承文明创造的成果，开辟永久和平的社会愿景，这也是历史赋予我们出版工作者的光荣使命。科技出版是科学技术的同行者，也是其重要的组成部分。我们以初心发力，满含出版情怀，聚合 15 家出版社的力量，组建科技出版国家队，把科学家、技术专家凝聚在一起，真诚而深入地合作，精心打造了《中国科技之路》，旨在服务党和国家的创新发展战略，传播中国特色社会主义道路的有益经验，激发全党、全国人民科研创新热情，为实现中华民族伟大复兴的中国梦提供坚强有力的科技文化支撑。让我们以更基础更广泛更深厚的文化自信，在中国特色社会主义文化发展道路上阔步前进！

中国编辑学会会长

《中国科技之路》编委会主任

2021 年 6 月

# 本卷前言

新中国成立以来，尤其是改革开放以来，中国建造发展迅速，使中国城乡面貌焕然一新。建筑业总产值持续增长，到 2020 年超过 26 万亿人民币，建筑业增加值占国内生产总值的比例达到 7.2%，再创历史新高，建筑业国民经济支柱产业的地位稳固。中国建造的水平不断提升，超高层建筑数量不断增加，全球前 10 名占据 7 席；技术极为复杂的超大跨建筑项目不断涌现，北京大兴国际机场、苏州体育中心、杭州 G20 峰会主场馆等项目惊艳世界。中国建造实现了从跟跑、并跑到一些领域领跑的跨越。

新时期，经济社会向绿色、高质量发展转型，中国建造面临新的挑战，我们必须沿着"绿色建造、智能建造、精益建造和国际化建造"的方向开拓创新、锐意进取。

首先是绿色建造。为实现"2030 年碳达峰、2060 年碳中和"的目标，建筑行业应立即开展碳中和路径与技术研究，绿色化建造必须以绿色、低碳为重点，走循环经济的发展之路，把最大限度减碳、节能作为出发点和立足点。贯彻以人为本理念，节约资源和保护环境，实现最终工程产品的绿色化和建造过程的绿色化。

其次是智能建造。数字化协同设计、施工机器人研制和针对工程项目建造全过程、全参与方和全要素的系统化信息模型管控平台必将成为智能建造研究的重点。

再者是精益建造。建立工程总承包负总责的工程项目管理制度，培育总承包企业最大限度满足用户需求、最大限度减少建造过程资源浪费、最大限度降低工程成本的精益建造方法是进一步做强中国建造、全面提升工程产品总体质量的有效方法，也是中国建造增强核心竞争力、打造"中国建造"品牌的必然选择。

最后是国际化建造。随着"一带一路"倡议的持续推进，中国建造"走出去"的步伐加快。中国建筑企业继续扩大国际建筑市场份额的条件基本成熟。我们必须进一步深入研究国际建造市场的运行规律，全面掌握国际规则，积极开拓海外市场，努力探索中国建造与国际接轨的方式方法，构建国际利益和命运共同体，是中国建造的必然发展途径。

本书正是基于这一大背景而编著的一本主题出版重点项目，目的是向广大人民群众展示新中国成立以来，在中国共产党领导下的建筑科技成果，并普及建筑科技知识和传递建筑科技精神。除传统的文、图方式外，书中增加了8个手机二维码，扫描可观看视频，作为书中内容的补充。希冀本书能激发全党、全国人民科研创新热情，为实现中华民族伟大复兴贡献力量。

本书编写过程中得到了中国建筑集团、住房和城乡建设部科技与产业化发展中心、中建科技集团、中国建筑设计研究院、北京市建筑设计研究院、北京城建集团、上海建工集团等单位的大力支持，才使本书能在这么短的时间内顺利完成。在此对参编单位和参编人员表示衷心的感谢！由于时间仓促，加之编写科普书籍经验不足，不妥之处在所难免，欢迎批评指正。

中国工程院院士　肖绪文

2021 年 5 月

# 目　录

## 第一篇

# 中国建造的发展历程

第二篇

# 中国建造持续刷新中国面貌

第三篇

# 中国建造的未来

# 第一篇
# 中国建造的发展历程

# 一、三个重要概念

建造、绿色建造、中国建造各是什么意思，如何区分它们，让我们来认识一下。

## （一）建造

"建造"一词，由中国古代的"营建""营造"等词汇发展而来，意为打造一些建筑物和构筑物。营建、营造、建造，既包含了建筑物的策划和设计，也包含了施工。建造是一系列动态的营造活动。

建筑物是建造的成果，是建造活动最后形成的静态产品。建造过程大到包括区域规划、城市规划、景观设计等综合的环境构筑，社区形成前的相关营造过程，小到室内的家具、小物件等的制作。

一座建筑物的建造，应确立艺术且科学的观点，从立项策划、设计到施工，经过一系列不同阶段的工作，才能建造出"适用、坚固、美观"的建筑。到了当代，这些观点又扩展为"适用、坚固、美观、环保"，即绿色建筑。

## （二）绿色建造

绿色建筑是在建筑的全寿命期内，节约资源、保护环境、减少污染，为人们提供健康、适用、高效的使用空间，最大限度地实现人与自然和谐共生的高质量建筑。总的来说，就是节能、节地、节水、节材、健康、舒适、环保、耐久的建筑。世界各国都特别重视绿色建筑的发展，往往通过绿色建筑的评价，颁布绿色建筑标识来大力推广绿色建筑。因此，许多国家都形成了各自有影响力的绿色建筑认证标识（图1-1、图1-2）。

图1-1 中国的绿色建筑标识

图1-2 美国的"LEED"绿色建筑标识

我国建筑专家认为绿色建造是建成绿色建筑的必然过程和不可或缺的技术途径，并且提出了"绿色建造"概念。

绿色建造包括工程立项绿色策划、绿色设计、绿色施工三个阶段，是工程产品的制造全过程，特别关注建造过程的绿色化和建筑最终产品的绿色化。绿色建造的实现，一方面依赖于科学管理，通过实行一体化的建造管理方式达到资源配置效率最优；另一方面依赖于科技创新和技术的持续进步，进而提升建造的整体水平（图1-3）。

绿色建造的实质就是建筑产业的全面转型升级，无论是建造出来的房屋或基础设施，还是整个建造过程，都要在全面转型升级的基础上实现绿色、循环、低碳发展。因此，绿色建造与高质量发展必然是中国建造领域深化改革、转型升级、科技跨越的主脉。绿

🍃 所占的区域内为绿色建造技术领域

图1-3 绿色建造的技术领域示意图

（图片来源：罗兰 制）

色建造，将为新时代中国建造的高质量发展添上亮丽的色彩。

## （三）中国建造

"中国制造、中国创造、中国建造共同发力，继续改变着中国的面貌。"中国建造与中国制造、中国创造相提并论，充分说明了我国工程建设行业的发展水平已经达到了世界先进水平，某些方面已经达到了世界领先水平：全世界高度前 10 名的超高层建筑中国独占 7 座；中国拥有世界上最长的高铁运营里程和高速公路通车里程；水电装机容量和年发电量均居世界第一。中国建造已成为中国走向世界的一张亮丽名片。

从建造"高、精、特、难"工程来看——改革开放 40 多年来，中国工程建设行业完成了不少令人叹为观止、全球知名的顶尖工程。如标志着中国工程"精度""跨度"的以港珠澳大桥为代表的桥梁工程，代表着中国工程"高度"的上海中心大厦，代表着中国工程"深度"的洋山深水港码头，代表着中国工程"难度"的"华龙一号"全球首堆示范工程——福清核电站 5 号机组等。在国外，中国建筑业企业建造了许多优质精品工程，近几年还深度参与了"一带一路"沿线国家和地区陆、海、天、网四位一体重大项目的规划和建设。

21 世纪以来，中国建造在实力和速度上让国际社会刮目相看，建筑工程领域的国家大剧院、国家体育场（"鸟巢"）、国家游泳中心（"水立方"）、北京中信大厦、北京大兴国际机场、上海世博会博物馆、上海中心大厦、武汉火神山医院和雷神山医院等房屋建筑项目以及水利、交通领域的一系列重大设施工程，突破了建设领域的一个又一个不可能，让世界对中国建筑业的建造实力和建造速度表示惊叹。

中国建造取得的一系列成就离不开中国共产党的正确领导，我国政府在党中央领导下，相继出台了一系列产业发展政策，持续打造"中国建造"的品牌影响力，"中国建造"已经被世人广泛认同。

本书主要介绍"中国建造"在房屋建筑领域取得的全球瞩目的光辉业绩。

## 二、三个发展阶段

人类在为自己打造居住场所的过程中一直与自然相伴、顺应自然的发展，从原始的穴居过渡到今天的高楼大厦正是建造技术的发展之路，中华传统文化强调"天人合一"，这也是代表了绿色建造的发展理念，说明人与自然、人与人、人与周围环境应和谐统一。

在我国，科技发展起到了助推建筑业发展的决定性作用。按时间顺序，本书将中国的当代建筑业发展分为三个阶段，分别叙述科技发展为建筑业带来的巨大改变。

### （一）百废待兴，发展建造（1949 年 10 月至 1978 年 11 月）

建筑业经历了曲折而漫长的发展历史，这条发展改革之路充满荆棘，但取得了斐然成绩。1949—1978 年，新中国成立后的 30 年间，由于人口众多、资源有限，国家的建设任务主要以发展工业建筑为主，建造活动基本上是半军事化形式的政府行为。这段时期建筑项目较少，主要是一些工业建筑，大型的军事、政治和形象工程，而居住建筑以多层为主，伴以少量高层住宅。

新中国成立后，大批军人投入国家的建设中。1952 年 2 月 1 日，我国批准中国人民解放军一部分部队转为工程部队，8万军工企业人员集体转入建筑业，为建筑业的发展增加了一支生力军。这个时期涌现出的新中国十大建筑是当时先进的建造技术的代表，人民大会堂、中国革命博物馆和中国历史博物馆（现中国国家博物馆）、钓鱼台国宾馆、中国人民革命军事博物馆、民族文化宫、民族饭店、华侨大厦（1988年拆除重建）、全国农业展览馆、工人体育场和北京火车站这批"国庆十大工程"，书写了新中国建筑史的多项"第一"（图1-4）。此外，还有重庆西南大会堂（现重庆人民大会堂）、南京华东航空学院（现南京航空航天大学）教学楼、厦门大学建南楼群、北京的中国美术馆和全国政协礼堂、内蒙古的成吉思汗陵、扬州的鉴真纪念堂、广州的白云宾馆等，都是这个时期的代表建筑。

人民大会堂
（图片来源：视觉中国）

中国国家博物馆
（图片来源：视觉中国）

钓鱼台国宾馆
（图片来源：视觉中国）

中国人民革命军事博物馆
（图片来源：晋玉洁 摄）

图1-4 新中国十大建筑（一）

民族文化宫

（图片来源：视觉中国）

民族饭店

（图片来源：视觉中国）

华侨大厦（重建）

（图片来源：晋玉洁 摄）

全国农业展览馆

（图片来源：视觉中国）

工人体育场

（图片来源：视觉中国）

北京火车站

（图片来源：徐非凡 摄）

图 1-4 新中国十大建筑（二）

在这一时期，我国建筑行业学习了苏联的设计和施工经验，制定了砖混结构规范，工业建筑大力推广标准设计、装配式建筑方法，广泛推广预应力混凝土结构，后来又推出轻钢结构，节约了当时宝贵的钢材和水泥。在地基和基础处理方面，推广砂垫层、砂井预压和砂桩、灰土桩，推广重锤夯实、电化学加固技术等，配筋砖砌体等也得到了发展。此外，顶升法和无梁楼板开始在多层厂房中使用；在工程管理方面，推广流水作业。

普通钢结构、钢筋混凝土结构桁架、大跨度钢结构在工业厂房、桥梁、体育馆、博物馆等建筑工程中取得突破并成功应用，跨度达到钢木屋架37m、预制装配式钢丝网水泥波形拱 30m、轮筒式悬索结构 94m、平板型双向空间网架 112.2m×99m。同期，网架结构也得到了大力推广。

新中国成立后的30年间，我国将"适用、经济，在可能的条件下注意美观"作为建筑业的指导原则，主要依靠自力更生完成工业基础建设任务。我国在这个时期还引入了苏联模式的城市规划，使城市规划逐渐普及。

小知识

**梁思成、林徽因：把一生献给中国建筑事业的夫妇**

梁思成和林徽因夫妇二人为中国著名的建筑学家，在创建中国建筑史和建筑教育体系等方面作出了突出贡献，完成了国内多处古建筑的调研绘制，出版了《图像中国建筑史》巨著，开创性地提出古建筑保护理论和技术。他们先后参与创办东北大学和清华大学建筑系，引领中西合璧之建筑教学之风。新中国成立后，夫妇二人积极参与新中国建设，梁思成先生主持设计了扬州的鉴真纪念堂，林徽因女士参与了中华人民共和国国徽的设计，夫妇二人还是人民英雄纪念碑等重要建筑的主要设计人员。

# （二）科技助力，快速建造（1978 年 12 月至 2012 年 10 月）

1978 年 12 月，党的十一届三中全会把党和国家的工作重心转移到社会主义现代化建设和改革开放上来。一大批经济特区、港口城市的经济技术开发区、高新技术产业开发区项目率先上马，开始进行大规模的建造活动，建筑材料、建筑技术得到了极大发展。

　　改革开放以来，中国城镇化得到了快速发展，城镇化率从 1978 年的 17.92% 提高到 2012 年的 52.57%。城镇化的快速发展离不开建筑业，而建筑业的高速发展使得城镇化的脚步更加迅速。深圳的崛起无疑是给这个伟大时代气势磅礴的献礼，大潮奔涌，风云变幻，弹指一挥间，深圳这个南海边陲小渔村发展成为全球知名城市（图 1-5）。

图 1-5　深圳成为全球知名城市
（图片来源：视觉中国）

　　1984 年，时为"华夏第一高楼"的深圳国际贸易中心大厦采用滑模先进施工工艺，创造了三天一层楼的"深圳速度"，比预计工期整整提前了一个月，从此"深圳速度"成了中国改革开放快速建设发展的象征（图 1-6）。

　　随着改革开放的进程加快，国外的建筑师、建筑材料、建筑技术一起进入中国。国内外建筑技术交流频繁，很多国外建筑师承担了不少国内著名建筑的方案设计，合作设计产生了一批由国内外建筑师共同设计、国内施工企业施工、蜚声中外的建筑，如国家大剧院（2007 年）、北京首都国际机场 3 号航站楼（2007 年）、国家游泳中心（"水立方"）（2008 年）、国家体育场（"鸟巢"）（2008 年）等（图 1-7）。

图 1-6 深圳国际贸易中心大厦（1984 年）（图片来源：视觉中国）

国家大剧院（2007 年）

北京首都国际机场 3 号航站楼（2007 年）

国家游泳中心（"水立方"）（2008 年）

国家体育场（"鸟巢"）（2008 年）

图 1-7 中外建筑师合作设计的代表性建筑

（图片来源：视觉中国）

　　在这一时期，国内建筑从业者的设计、施工技术水平突飞猛进，涌现了一批代表性的建筑项目。高层、超高层项目逐年增加，引进了大量新材料、新的结构与构造形式、新的施工技术和设备、新的设计手法。上海世博会展示的系列建筑显示出国内设计师已经迅速融汇了国外建筑设计的高技派手法。由何镜堂院士设计的上海世博会中国馆，通过巨柱与斗拱的巧妙结合，向世界传达了一个大国崛起的概念，也向世界展示了中国人民的文化自信（图1-8）。

世博会航拍图　　　　　　　　　　　世博会中国馆（2010年）

图 1-8　上海世博会建筑

（图片来源：视觉中国）

　　信息化科学技术的新发展对我国建造技术产生了巨大影响。不到40年的时间，设计工作从手工绘图进入计算机辅助绘图，又从计算机绘图发展到建筑信息模型（BIM）三维设计。我国建筑设计的信息化从无到有，再到紧追国际信息化潮流，充分利用最新的数字化设计工具。这一期间，基于国际发展趋势，我们开发了一批具备自主知识产权的设计软件和图形工具（图1-9）。

　　从改革开放到2012年10月，我国建筑业发生了脱胎换骨的变化，城市得到空前发展。但是，国民经济高速发展中大规模的建造活动也给环境带来了一定的负面影响。在人民生活水平普遍提高的情况下，我国建筑领域的能耗大幅增加，水源污染日趋严重；人均生活居住用地增加，生物资源和生态平衡在一定程度上受到破坏，水土流失加剧，自然灾害增多。这种竭泽而渔的粗放经济必须改变。

小知识

建筑信息模型（Building Information Model，BIM）：在建设工程及设施的规划、设计、施工以及运营维护阶段全寿命周期创建和管理建筑信息的过程，全过程应用三维、实时、动态的模型涵盖了几何信息、空间信息、地理信息、各种建筑组件的性质信息及工料信息。通俗讲就是利用数字化技术建立虚拟的包含建筑物构件几何信息、专业属性、状态信息等与实际建筑工程一致的三维模型，从而为建筑工程项目的各个参与方提供了一个工程信息交换与共享的平台。

手工绘图
（图片来源：韩博 摄）

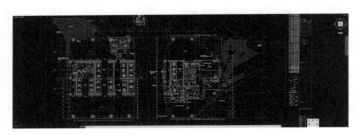
CAD 绘图
（图片来源：中建工程产业技术研究院）

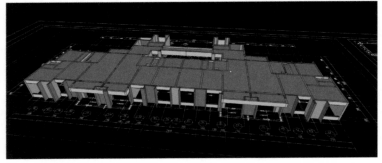
BIM（图片来源：
中建工程产业技术
研究院）

图 1-9　建筑绘图的发展

在一系列政策引导下，全国范围内开展的"绿色建筑科技行动"为绿色建筑技术发展和科技成果产业化奠定了坚实的基础。我国绿色建筑数量得到了大幅度的增长，绿色建筑技术水平不断提高，呈现出良性发展的态势。我国绿色建筑进入规模化发展时代，深圳建科院办公大楼为我国首批评定的绿色建筑之一（图1-10）。

图 1-10　深圳建科院办公大楼
（图片来源：深圳建科院）

这个时期通过众多项目的实践锻炼，中国建筑行业的从业者在设计水平和技术层面上得到了巨大的提升，我国建筑业紧跟世界建筑业技术发展，出现了一批优秀的建筑设计师和工程师，一些设计项目开始在国内外获得重要建筑奖项，一些施工企业开始走出国门，在国外中标施工项目。中国的建造技术正在向世界先进水平稳步迈进。

## （三）绿色发展，中国建造（2012 年 11 月以来）

2012 年 11 月以来，我国在绿色建造、工程咨询和管理、勘察设计、建筑信息化与工业化等方面发布了一系列扶植建筑技术创新发展的政策，明确指出建筑业要提高创新力，科学管理，健康发展。

近几年，我国建筑市场空前繁荣，大型工程不断建成并投入使用，不少项目在国际上取得了很高的声誉，如北京凤凰国际传媒中心（2012 年）、长沙梅溪湖国际文化艺术中心（2016 年）、上海中心大厦（2016 年）、上海佘山世茂洲际酒店（2018 年）、北京大兴国际机场（2019 年）、北京中信大厦（2019年）、哈尔滨歌剧院（2016年）、北京世园会中国馆（2019年）等具有广泛影响力的建筑（图1-11）。我国的建筑设计界培养出了一批设计大师，他们的设计作品开始频频在国际上获奖并逐步拿到国际项目，建筑施工技术在某些领域已经赶超国际水平。在2020年初的新冠疫情中，10天建造一座医院的创纪录速度让世人惊叹，中国建筑企业令世界折服！

在地下空间、居住社区、摩天大厦、体育场馆、文教建筑、医疗建筑、工业厂房、交通枢纽、装配式建筑等方面，我国在绿色建造的理论形成和技术实践上都取得了举世瞩目的成就。中国建筑业走出国门，扬名世界，民族自豪感油然而生。

北京凤凰国际传媒中心（2012年）

长沙梅溪湖国际文化艺术中心（2016年）

上海中心大厦（2016年）

上海佘山世茂洲际酒店（2018年）

图1-11　2012年以来我国建成的部分知名建筑（一）

北京大兴国际机场（2019 年）

哈尔滨歌剧院（2016 年）

北京世园会中国馆（2019 年）

图 1-11　2012 年以来我国建成的部分知名建筑（二）

（图片来源：视觉中国）

除了建筑物，我国还在城乡规划方面取得了长足的发展。在生态文明背景下，国土空间规划体系全面改革，进而提出我国新的生态格局："绿水青山就是金山银山"，各地修复湿地、矿区，重视中华传统文化传承，提高城市安全韧性水平，积极构建智慧城市，打造便利的交通网络，促进固废循环，提升建筑质量和品质，整治乡村人居环境，振兴乡村经济，重新塑造了一个崭新的、青山绿水的中国。

科技与智慧，同样在我国建筑业得到了充分的重视和应用。构建智慧城市，城市信息模型（CIM）是必不可少的工具，CIM以建筑信息模型（BIM）、地理信息系统（GIS）、物联网（IoT）等技术为基础，整合城市地上与地下、室内与室外、历史、现状与未来等多维尺度信息模型数据和城市感知数据，构建起三维数字空间的城市信息有机综合体。住房和城乡建设部于2019年启动了CIM建设试点，雄安新区、北京城市副中心、广州、南京、厦门被列为运用CIM平台建设的试点。试点要求完成"探索建设CIM平台""统一技术标准"等任务。试点以工程建设项目三维电子报建为切入点，在"多规合一"的基础上，建设具有规划审查、建筑设计方案审查、施工图审查、竣工验收备案等功能的CIM平台，精简和改革工程建设项目审批程序，减少审批时间，探索建设智慧城市基础平台，特别针对规划建设的智慧化管理进行了有益的探索。同时，不少非试点城市，如长沙、武汉、上海、深圳等都对智慧城市和CIM进行了较多试验，且技术方法在国内也处于前沿。

## 三、中国建造的主要成就

自新中国成立以来，我国建筑业施工能力不断增强，产业规模不断扩大，吸纳了大量城乡富余劳动力，有效带动了上下游关联产业，发挥了国民经济支柱产业的重要作用，为全面建成小康社会、描绘美丽中国的宏伟蓝图作出了突出贡献。

## （一）建筑业迈上新台阶

建筑业产值规模屡创新高，逐步发展成为国民经济的重要行业。新中国成立 70 多年来，随着我国经济建设的大规模开展，建筑业迅速发展，产值规模不断扩张，一次又一次突破历史高点。1952 年，全国建筑业企业完成总产值 57 亿元；1956 年完成总产值 146 亿元，突破百亿大关；1988 年完成总产值 1132 亿元，突破千亿大关；1998 年完成总产值 10 062 亿元，突破万亿大关；2011 年完成总产值 11.6 万亿元，突破 10 万亿大关；2017 年完成总产值 21.4 万亿元，突破 20 万亿大关。2020 年，全国建筑业完成总产值 26.4 万亿元，是 1952 年的 4632 倍，年均增长 13.6%（图 1-12）。

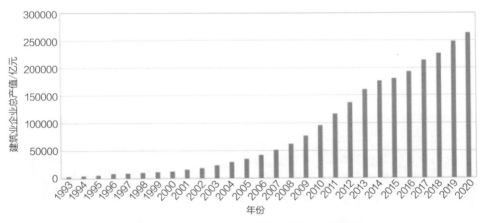

图 1-12 1993—2020 年我国建筑业企业总产值

（数据来源：中国建筑业统计年鉴）

2020 年度 ENR "全球最大 250 家国际承包商" 榜单发布，我国有 74 家企业上榜，继续蝉联榜首。3 家企业入围榜单前 10 强，体现了中国企业在全球建筑市场的领军地位，响亮地打出了 "中国建造" 品牌。国内国际业务综合营业额榜单中，共有 7 家中国企业进入前 10 强。同时，我国建筑行业设计企业上榜 2020 年度全球设计 150 强名单，排名前 20 强的企业中国占了 5 席。我国正在从建造大国向建造强国迈进。

## （二）建筑技术实现新突破

随着中国绿色建筑政策的不断出台、标准体系的不断完善、绿色建筑实施的不断深入，以及国家对绿色建筑财政支持力度的不断增大，中国绿色建筑保持了迅猛发展态势。同时，在国内外信息技术发展的推动下，建筑业迎来了众多新工艺新技术。从业者大胆创新设计、现场精益施工，建筑技术发展取得了巨大成绩：深基坑支护、超高层结构、综合爆破、大型结构和设备整体吊装、预应力混凝土和大体积混凝土等多项技术均达到国际先进水平（图 1-13）。新技术推广屡获明显成效，建筑技术呈综合化发展趋势，逐步形成完整规范化的建筑体系。建筑行业加快先进建造装备、智能装备的研发、制造和推广应用，不断提升各类施工机械的性能和效率，提高机械化施

深基坑支护　　　　　　　　　　　　　　超高层结构

图 1-13　多项建筑技术达到国际先进水平（一）

大型结构和设备整体吊装

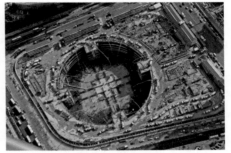
大体积混凝土

图 1-13　多项建筑技术达到国际先进水平（二）

（图片来源：上海建工集团）

工程度，提升企业装备水平。一批具有自主知识产权、居国际先进水平的建筑施工设备，如大型地铁盾构机、大型挖泥船等，打破了国外成套施工设备的垄断，成为我国地铁建设、海岛吹填等工程的推进利器。

中国建造也正在进入新的发展阶段，在用"中国建造技术"克服"世界难题"的基础上，受国际建筑学术界影响，可持续发展的理念日趋成熟。同时，信息化、智能化、新基建、新城建的提出，使得中国建筑行业成为国际上引领"智能建造"新浪潮的主要角色之一。中国基建产业的市场将变得更广阔，具有更加美好的前景。

## （三）支柱产业作用进一步发挥

这些年来，我国建筑业攻坚克难、稳中求进，在国民经济发展中较好地发挥了支撑作用，尤其在吸纳农村人口转移劳动力、稳定社会就业、增加财政收入、促进社会和谐等方面成效更加显著。建筑业在国民经济中关联着钢铁、水泥、房地产、交通基础设施和市政基础设施等几十个行业，经济带动作用强，发挥着支柱产业作用。从占 GDP 的比重看，2011—2020 年，建筑业增加值占当年国内生产总值的比重均保持在 7% 左右（图 1-14）。建筑业健康平稳的发展，以及对大量关联产业的有效带动，有力地支撑了国民经济的平稳发展。

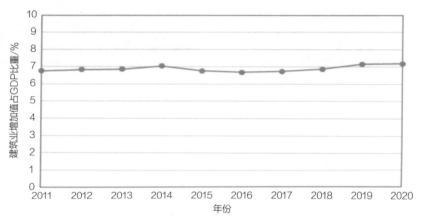

图 1-14　2011—2020 年建筑业增加值占 GDP 比重

（数据来源：国家统计局）

建筑业从业人员大幅增加。建筑业属于劳动密集型行业，其就业弹性远高于国民经济全行业平均水平。改革开放以来，建筑业健康平稳发展不断地为社会提供了新增就业岗位，吸纳了更多劳动力就业，稳就业作用明显。1980 年，建筑业年末从业人数为 648 万人，2019 年达到 5427 万人，比 1980 年增加 4779 万人，年均增加 123 万人（图 1-15）。1985 年，建筑业企业实现劳动者报酬 83 亿元，2017 年达到 24 099 亿元，比 1985 年增加 24 016 亿元，年均增加 751 亿元。2017 年，建筑业从业人员占全国就业人员的比重达 7.1%，较 1980 年提高了 5.6 个百分点。建筑业人员素质也同步快速提升，既有国际视野又有民族自信的建筑师、建筑业高级管理人才、工程技术人才大批涌现。2017 年，建筑业企业工程技术人员达到 713 万人，是 1999 年同类型人数的 11.6 倍，年均增长 14.6%。在近年来宏观经济下行、全社会就业压力较大的大背景下，建筑业大量吸纳城乡富余劳动力，缓解全社会就业压力的效果明显，作用更加突出。

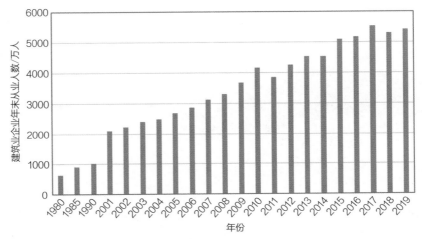

图 1-15　我国历年建筑业企业年末从业人数

（数据来源：国家统计局）

除此之外，建筑业的蓬勃发展使得建筑业企业缴纳税金的总额大幅增长，成为国家特别是各级地方财政收入中稳定而重要的增长点，有效促进了财政增收。

中国建筑业波澜壮阔的发展历程是新中国伟大崛起的辉煌画卷中一个浓墨重彩的篇章。从新中国成立到现在，建筑业经历了一系列变革，不断调整发展方式，推陈出新、与时俱进，走过了不平凡的发展历程，取得了举世瞩目的辉煌成就。奋进新时代，迎接新挑战，开启新征程，让我们更加紧密地团结在以习近平同志为核心的党中央周围，坚持以习近平新时代中国特色社会主义思想为指导，贯彻新发展理念，坚持质量第一、效益优先，不断推动建筑业发展的质量变革、效率变革、动力变革，为夺取新时代中国特色社会主义伟大胜利、实现中华民族伟大复兴的中国梦而努力奋斗！

# 第二篇
# 中国建造持续刷新中国面貌

# 一、美好城市 人民福祉

1978年以后，城市规划建设管理体制逐步恢复，规划的法制化建设得以完善。随着社会主义现代化建设的推进，我国实现了快速城镇化发展。2021年5月11日，第七次全国人口普查结果公布，全国总人口141 178万人，其中城镇常住人口90 199万人，占总人口比重（常住人口城镇化率）为63.89%；而1949年，总人口5.4亿人，只有10.64%的人口生活在城市。截至2019年6月，中国共有4个直辖市，293个地级市，375个县级市。70年时间，中国城市总量从132个增加到672个。

城市建设发展进程中出现了诸如建设用地粗放低效、生态环境破坏、城镇空间与资源环境承载能力不匹配、资源配置效率低下等矛盾和问题。从"增量"发展到"存量"挖潜，从工业文明到生态文明，国家关于城乡的发展理念、发展模式和发展方式已然发生根本性的变化。在新时代的生态文明建设和新型城镇化背景下，我国的规划从新中国成立初期的工程建设型、改革开放时期的战略发展型，走向了资源管理型，整体谋划国土开发保护格局，加强对国土空间资源的统筹管理与战略引导，推进生态文明建设，促进国家治理体系和治理能力现代化。

从可持续发展角度来讲，多专业互动的城市高质量发展是新时代的新气象。例如：西昌修复湿地，完善生态防护屏障；合肥构建城湖共生模式；徐州修复矿区，实现生态产品价值。同时，中华文化赋能城市底蕴。例如，杭州对历史文化遗产应保尽保，保护对象从世界遗产、古城、大遗址、历史文化街区、文物古迹、非物质文化遗产扩展到工业遗产、教育遗产、党史胜迹等。不少城市应对气候变化，探索创新性的低碳城市解决方案。例如，中新天津生态城、曹妃甸国际生态城、上海崇明岛东滩生态城、吐鲁番市新区等项目应用多种低碳技术策略和手段，建立可实施、可复制、可推广的低碳发展路径。此外，韧性安全聚焦弹性发展提高城市防御能力，互联互通推动多元交通建构网络城市，固废循环促进新陈代谢，永葆国土清新（图2-1）。

图2-1　今日深圳
（图片来源：视觉中国）

随着物质生活水平和文化素质的提高，人们对人居环境有了更高的要求，进而追求更加健康、舒适、便捷的生活品质设计。城市设计自20世纪80年代引入中国之后，以其集空间美学与人文关怀于一体的视角，经过30余年的发展，逐渐成为法定城市规划不可或缺的补充、完善和深化。相对于城市规划的抽象性和数据化，城市设计更具有具体性和图形化。从山水林田湖草的角度，勾画区域城乡一体化的多元场景；从三维建成环境角度，优化城市或社区空间格局；从土地高效集约角度，聚焦地上地下一体化协同开发模式；从社会包容和谐发展的角度，打造适应不同人群的公共服务场所；从以人为本的美好生活角度，刻画聚集活力的复合街道形态；从地域特色文化角度，探索丰富多彩的建筑风貌形式；从数字空间增值角度，谋划虚拟与现实空间互动的体验。城市设计通过感性创造与理性分析相结合的思维模式，推动我国城市形成富有特色的风貌形象与高品质的公共空间，助力我们建设更加美丽而智能的人居环境。

# （一）生态修复：建设宜居环境

小知识

生态修复：《中共中央 国务院关于加快推进生态文明建设的意见》中提出"实施重大生态修复工程，扩大森林、湖泊、湿地面积，提高沙区、草原植被覆盖率，有序实现休养生息"。生态修复是指在生态学原理指导下，以生物修复为基础，结合各种物理修复、化学修复以及工程技术措施，通过优化组合，使之达到最佳效果和最低耗费的一种综合的修复污染环境的方法。生态修复使遭到破坏的生态系统逐步恢复原有的功能与结构，并能自我维持正向演替和生态平衡，实现可持续发展，对守护我国生态安全具有重要意义。生态修复的措施包括：生态红线的划定；合理的区域发展格局（功能区划）；区域土地利用方向和布局的调整；以保护优先，充分尊重自然规律，发挥自然恢复的潜力，封山育林、育沙育草、补水保湿；自然恢复与人工修复相结合等。

尊重自然、顺应自然并不意味着人类在自然面前就消极、被动接受。新时代生态修复要求我们既要充分认识到生态修复力的作用，又要因地制宜地选择自然恢复、人工辅助、人工重建等方案，宜封则封、宜造则造、宜林则林、宜灌则灌、宜草则草、宜荒则荒。

1. 重塑生态防护屏障

西昌是四川凉山彝族自治州的首府，邛海位于西昌市城东南，是四川省第二大天然淡水湖，但 20 世纪 60 年代后围海造田、填海造塘、无序开发，使邛海的生态遭到严重破坏。西昌的邛海湿地保护与修复工程，以"保护饮用水源地、恢复自然湿地"为核心，实施"退塘还湿、退田还湿、退房还湿"，实现国家湿地公园建设与城市人居环境质量优化协同共生，形成较为完整的保护、建设、利用规划体系。实行湿地建设与村民的居住环境改善、产业发展、基础设施配套相结合，解决群众拆迁安置和就业问题。注重湿地科学保护、挖掘和利用的可持续性，严格划定合理利用区，严格控制开发建设项目。在邛海周边实施天然林保护、退耕还林、邛海及城区周边可视范围绿化、血吸虫抑螺防病林、主要河流水保林种植等多项工程，完善生态防护屏障。

经过一系列修护和保护，邛海水域及湿地面积从 26.4km$^2$ 恢复到 34km$^2$，在保护生态资源、修复生态环境的同时带动了地方旅游业发展，邛海先后获得"国家湿地公园""国家生态文明教育基地""国家环保科普基地""国家旅游度假区""国家湿地旅游示范基地"等荣誉（图 2-2）。

图 2-2　邛海湿地保护与修复工程实施效果
（图片来源：中国城市规划设计研究院村镇规划研究所）

2. 构建城湖共生模式

合肥市自 2011 年行政区划调整以来，坚持生态优先，大力推进环巢湖生态保护与修复工程，通过污水处理厂的建设和提标改造、城镇雨污管网建设等工程，实施"河长制""湖长制""排长制"，推进城市十大公园和环湖十大湿地建设、湖河道防洪治理、河道清淤护岸等工程。合肥秉承"城湖共生"的模式，传承并发扬水绿交融的特色空间文化，通过构筑湿地绿带网络，将城市镶嵌于巢湖湿地网络之上。围绕生态空间有机融入休闲、创意、服务等功能，并提出城市"中环"设想，串联重要湖泊山体，建设天鹅湖中心、合肥科学岛、骆岗中央公园等节点，形成城市的生态与创新走廊。

3. 实现塌陷区生态产品价值

党的十八大以来，徐州加快城市转型发展，实现从"一城煤灰半城土"到"一城青山半城湖"的华丽转身，先后获评"国家水生态文明城市""国家生态园林城市""国家森林城市"。

徐州作为老工业基地和矿区，以"矿地融合"为思路积极推动矿区生态修复，将潘安湖采煤塌陷区修复建设成潘安湖国家湿地公园，按照"多规合一"的要求统筹矿产、水面、林地等生态用地和城乡建设用地的布局，以山水林田湖草生命共同体为理念，通过水土污染控制、地灾防治、生物多样性保护、生态旅游建设等措施系统治理受损的自然生态系统，并进一步发展生态型产业，建设潘安湖科教创新区，实现绿水青山向金山银山的转化（图2-3）。

图 2-3　潘安湖采煤塌陷区生态修复前后对比
（图片来源：中国城市规划设计研究院村镇规划研究所）

## （二）文化传承：中华文化赋能城市底蕴

在我国悠久的城市文明史中，有数量众多的历史城市，拥有一定数量的文化遗存资源与不同时期的格局风貌特征，这些都是我国传统城市文化体系的重要组成部分。1982 年，我国设立历史文化名城制度，截至 2018 年，总计有 137 座城市被公布为中国历史文化名城，176 座城市被公布为省级历史文化名城。历史文化名城是从众多历史城市中选取的价值突出、文物与历史建筑集中分布的优秀典范，具有突出代表性。

1. 山水格局整体传承

杭州是首批国家历史文化名城，有着 8000 年文明史和 5000 年建城史，拥有西湖文化景观与中国大运河（杭州段）双世界文化遗产，历史文化底蕴深厚。1982 年以来，杭州先后编制了五轮历史文化名城保护规划，以及历史文化街区、文物保护单位、历史建筑等一系列保护专项规划。1999 年，杭州以清河坊历史文化街区保护为契机，进入了全面保护古城历史文化遗产的阶段（图 2-4）。

图 2-4　杭州山水城市格局保护
（图片来源：视觉中国）

从 2002 年起，杭州启动持续 10 年的西湖和运河综合保护工程（图 2-5）。2011 年、2014 年，西湖文化景观和中国大运河分别被列入世界文化遗产。2019 年，良渚古城遗址入选世界遗产名录。目前，杭州正在大力推进良渚国家考古遗址公园综合保护工程，将把良渚古城遗址打造成中华文化新名片。

图 2-5　运河综合保护工程

（图片来源：视觉中国）

### 2. 古城历史文化全面活化

扬州是一座有着 2500 年建城史的古城，是 1982 年国务院首批公布的 24 座历史文化名城之一。中国诗词文章中有关扬州的美景描写不胜其数。扬州古城由明清历史城区和古城遗址区组成，总面积约 $18km^2$。明清历史城区拥有全国重点文保单位 11 处、省级文保单位 18 处、市级文保单位 138 处；古城遗址区保存有城墙、道路、水系、建筑遗址等历代城市的空间结构。

扬州市实施文化博览城建设，利用修缮的名人故居、盐商住宅，兴建了剪纸、淮扬菜等文博场馆 143 座；实施名城解读工程，通过立碑树牌等方式对古城 480 处文物古迹、名人故居、古树名木、特色街巷等进行展示；实施文化遗产传承保护，202 个项目列入市级非遗目录，其中 61 个列入省级非遗名录、19 个列入国家非遗名录，瘦西湖、个园等 16 处遗产列入世界文化遗产。结合扬州城遗址的考古发掘和保护，扬州先后建成了西门、东门、北门遗址公园和南门遗址展示馆等工程（图 2-6）。实施唐子城内农村庄台、企业和工厂搬迁，修复了遗址生态环境，整理、沟通了唐子城、宋堡城护城河水系，将宋夹城遗址建成体育休闲公园，并积极推进隋炀帝墓考古遗址公园建设。

图 2-6　扬州东关历史文化旅游区（图片来源：视觉中国）

3. 以立法政策固化保护机制

上海市始终重视历史文化遗产保护工作，按照"开发新建是发展、保护改造也是发展"的理念，以及建设"卓越的全球城市"和"人文之城"、打响"上海文化品牌"的目标，在坚持"最严格的保护制度"的同时，积极探索有机更新和活化利用，全面落实"上海 2035 总规"关于名城保护的各项要求。

上海市根据新形势新要求，开展历史文化风貌区和优秀历史建筑保护条例修订工作，以优化保护工作的政策环境。拓展保护对象，从优秀历史建筑和历史文化风貌区拓展到风貌保护街坊、风貌保护道路（保护河道）和保留历史建筑；完善保护机制，强化市、区历史风貌保护委员会统筹协调机制，落实市、区、乡镇和街道分级保护管理体系和管理职责；强化保护政策支持，细化落实开发权转移、保护专项资金、保护征收及土地供应等方面的法律支撑；加强与行业标准规范的衔接，针对历史风貌保护项目所涉及的间距、退界、建筑密度、绿地率以及消防、抗震等难以满足现行规范等问题，提出特殊的技术标准和处置路径；加大违法处罚力度，加强对历史建筑拆除行为的管控（图2-7）。

图2-7　上海燃机发电厂更新
（图片来源：视觉中国）

## （三）低碳发展：节能减排应对气候变化

城市是资源消耗和温室气体排放的集中地。随着中国城镇化进程的快速发展，原先高消耗、高污染、高排放的粗放发展方式，正快速向资源节约、环境友好的绿色低碳发展方式转型。

　　城市的能源消耗主要来自工业、交通、建筑和居民生活等领域，而城市建筑作为节能潜力最大的用能领域，在改革开放之初，我国就积极推进建筑领域的节能工作。制定建筑节能设计标准是我国最早用于推行国家建筑节能政策的技术依据和有效手段，从 1986 年颁布第一部建筑节能设计标准以来，先居住建筑后公共建筑，先北方地区后南方地区，建筑节能标准逐步实现了对民用建筑领域的全面覆盖。建筑节能设计目标也不断提高，节能率完成了从 30%、50% 到 65% 的三步跨越，北方居住建筑更进一步完成了 75% 的第四步跨越，2021 年北京又率先实现了居住建筑节能率 80% 的第五步跨越。2005 年《中华人民共和国可再生能源法》的发布实施，又让太阳能、地热能等可再生能源应用到建筑之中，进一步降低了建筑用能对化石能源的依赖。与此同时，我国第一部《绿色建筑评价标准》自 2006 年颁布之后，以节地、节能、节水、节材和保护环境为主要目标的绿色建筑，在政策的指导下得到快速推广和普及，促进了建筑节能向更高水平的提升。为进一步降低建筑能耗，近零能耗建筑、超低能耗建筑、零能耗建筑等又成为我国建筑节能当前最新的发展趋势。

　　为推动绿色低碳理念在城镇化建设中的深化和普及，国家发展和改革委员会自 2010 年起先后开展了三批 87 个低碳省（区、市）和低碳城市的试点工作。各类试点地区在碳排放目标制定、产业结构转型、能源结构优化、绿色低碳交通、绿色基础设施建设等方面积极探索适合自身特点的低碳转型模式，结合先进低碳技术措施的应用和试点示范项目的建设，逐步推广绿色低碳生产方式和生活方式，并带动和促进了全国范围的绿色低碳、节能减排发展。通过试点工作的开展，中国低碳工作已见成效，试点地区碳强度年均下降幅度高于全国平均碳强度下降幅度。

　　一些新区建设也为探索创新性的低碳城市解决方案作出了巨大贡献。如中新天津生态城、曹妃甸国际生态城、上海崇明岛东滩生态城、吐鲁番市新区等项目从规划初期就践行低碳发展理念，提出城市建设的低碳约束性目标，将关键领域的主要低碳控制指标纳入城市规划指标体系，并在建设中应用多种低碳技术策略和手段，为探索可实施、可复制、可推广的低碳发展路径提供宝贵的经验与借鉴。

　　中国已经成为国际上先进的低碳理念和低碳技术转化应用的重要国家，中国低碳城市建设有效推进了绿色低碳循环发展的经济体系建设、清洁低碳的能源体系构建、低碳生产方式和生活方式的形成。中国在低碳发展领域取得的经验和成绩，为世界广大发展中国家提供可以借鉴的中国智慧和中国方案。

小知识

　　碳中和：2020 年 9 月 22 日，中国政府在第七十五届联合国大会上提出 "中国将提高国家自主贡献力度，采取更加有力的政策和措施，二氧化碳排放力争于 2030 年前达到峰值，努力争取 2060 年前实现碳中和。"2021 年 3 月 5 日，国务院政府工作报告中指出，扎实做好碳达峰、碳中和各项工作，制定 2030 年前碳排放达峰行动方案，优化产业结构和能源结构。"碳中和"是指企业、团体或个人在一定时间内直接或间接产生的二氧化碳排放总量，通过如植树造林、节能减排、产业调整等二氧化碳去除手段，抵消自身所产生的二氧化碳排放量，实现二氧化碳 "零排放" 的目标。

## （四）韧性建设：弹性发展增强城市安全

　　随着城镇化的快速发展，提高城市的抗风险能力已成为城市建设的基本要求。20世纪初，韧性城市建设理念引入中国，城市的抗风险范畴从抵御地震、风灾、洪水等自然灾害所带来的冲击，扩展到应对爆炸事故、恐怖袭击、公共卫生危机等各类人为灾害。城市抗风险的能力也从"硬抗"发展为"以柔克刚"的快速应对能力、恢复能力和适应能力。

> **小知识**
>
> 城市韧性是指城市或城市系统能够化解和抵御外界的冲击，保持其主要特征和功能不受明显影响的能力。当地震、风灾、洪水、疫情、恐怖袭击等灾害发生的时候，城市能承受冲击，快速应对以减轻由灾害导致的经济、社会、人员、物质等多方面的损失，在较短时间恢复到一定的功能水平，并通过适应来更好地应对未来的灾害风险。

### 1. 抗震应急快速恢复

新中国成立以来，为提升我国抵抗地震风险的能力，国家三次（1956年、1977年、1990年）组织编制全国性的地震烈度区划图，成为中小工程（不包括大型工程）和民用建筑的抗震设防依据，并为制定减轻和防御地震灾害对策提供依据。2003年，抗震防灾规划明确成为城市总体规划下的专项规划之一，城市总体抗震防灾能力得到明显提高。

1976年的唐山大地震，灾后恢复重建长达10年，而震级略高的2008年汶川特大地震则在抗震救灾的同时，就紧急启动了灾后恢复重建规划工作，并圆满完成了中央"三年重建任务两年基本完成"的目标，让受灾群众住进了新房，公共服务设施也全面上档升级，产业发展更是优化升级，防灾减灾能力显著提高（图2-8、图2-9）。

2017年，中国地震局实施了《国家地震科技创新工程》，包含有"韧性城乡"等四项科学计划，提出"科学评估全国地震灾害风险，研发并广泛

图 2-8　今日唐山
（图片来源：视觉
中国）

图 2-9　今日汶川
（图片来源：视觉
中国）

采用先进抗震技术，显著提高城乡可恢复能力"等要求，成为我国提出的第一个国家层面上的韧性城市建设计划。

2. 防洪排涝海绵城市

顾名思义，海绵城市就是让城市能够像海绵一样，下雨时吸水、蓄水、渗水、净水，需要时将蓄存的水释放并加以利用，实现雨水在城市中自由迁移。为增强城市防涝防洪能力，我国自 2015 年先后开展了两批共 30 个由中央财政支持的海绵城市建设试点。位于长江中上游和珠江流域两大流域源头的贵州省贵安新区，作为国家首批海绵城市建设试点，实现了生态敏感区控制、水质水量保障、防洪排涝水安全、雨水资源化利用等目标，已成为西部水环境敏感地区的先行示范。时至今日，全国已有130多个城市制订了海绵城市建设方案，以提高城市水系统的防御力、恢复力和适应力，为城市的发展践行着韧性理念。

　　为应对日益频发的各类自然灾害和社会危机，我国积极参加国际推广城市韧性理念的"全球100韧性城市"项目。自2014年以来，四川德阳（图2-10）、湖北黄石、浙江海盐、浙江义乌（图2-11）4个城市已成功

图2-10　四川德阳
（图片来源：视觉
中国）

图2-11　浙江义乌
（图片来源：视觉
中国）

入选，在相关技术和资源的支持下，制订和实施了韧性计划，以提升城市抵御外来冲击和灾害的能力。

2019 年底发生的新冠疫情为城市应对公共卫生突发事件的韧性发展提出了新的要求。在加强城市综合性的基础设施建设，特别是数字信息设施、轨道交通、公共卫生、避险设施等方面均提出新的挑战。

2020 年，北京着手推进相关战略，已完成了《北京韧性城市规划纲要研究》，成为国内首个将"韧性城市"建设纳入城市总体规划的城市。

未来，城市的韧性建设将实现由传统刚性管控的工程防灾到弹性约束的转变，通过弹性化的方式，增强城市安全性，提升城市竞争力。

## （五）互联互通：多元交通建构网络城市

我国已基本建成安全、便捷、高效、绿色的现代综合交通运输体系，部分地区和领域率先基本实现交通运输现代化，基础设施网络规模居世界前列，运输服务保障能力不断提升，加快从交通大国向交通强国迈进。

我国已构建了完善、处于世界前列的高铁技术体系，在全面贯通"四纵四横"高速铁路主骨架的基础上，推进了"八纵八横"主通道建设。截至 2020 年底，全国高速铁路营业里程超过 3.8 万 km，已建设至完全建成的"八横八纵"总里程的 80%。2019 年，动车组发送旅客 23.6 亿人次，大大缩短了区域间的时空距离，为人民工作生活与经济社会发展注入了活力。

民航着力推进枢纽建设，全面构建由 3 大世界级机场群、10 大国际航空枢纽、29 个区域枢纽的现代化机场体系。北京、上海、广州机场的国际枢纽地位明显提高，2019 年旅客吞吐量均超 7000 万人次，成都、深圳、西安等机场吞吐量均超 4500 万人次。北京大兴、上海浦东、重庆、武汉、郑州等 15 个大中型枢纽机场扩建项目竣工投入使用，乌鲁木齐、深圳、西安、广州等 9 个机场改扩建项目开工建设。我国区域枢纽机场功能得到加强，将逐渐形成与高速铁路优势互补、协同发展的格局。

为加快建设安全完善的高速公路网络，推进了由 7 条首都放射线、11 条南北纵线、18 条东西横线，以及地区环线、并行线、联络线等组成的国家高速公路网建设。提高长江经济带、京津冀地区高速公路网络密度和服务水平，推进高速公路繁忙拥堵路段扩容改造。截至 2019 年底，全国高速公路里程达到 15 万 km。

例如，郑州始终在国家综合交通体系中占有重要且独特的地位。在"一带一路"、中部崛起、黄河流域高质量发展等新背景下，郑州被赋予国家中心城市、国际性综合交通枢纽的高点定位（图 2-12）。

图 2-12　郑州 CBD 夜景
（图片来源：视觉中国）

郑州依托空港、圃田国际陆港深度融入国际交通网络，推动实现"双港连世界"的发展目标，建设成为"中原地区直通全球的中心"。郑欧班列自

2013 年 7 月 18 日首发以来，截至 2019 年底，累计开行 2760 班，境内货物集疏网络覆盖全国 3/4 区域，境外覆盖 30 多个国家和 130 个城市，实现每周"去 12 回 7"，成为国内唯一实现往返相对均衡常态化高频开行的班列，在国内持续保持领先地位（图 2-13）。郑州铁路枢纽是京广铁路、陇海铁路两大铁路干线和京广高铁、徐兰高铁交通大动脉的交会点，是世界上规模最大的"双十字"铁路综合交通枢纽。郑州枢纽现有郑州、郑州东两大客运站，郑州北是亚洲最大最繁忙的铁路枢纽编组站。

图 2-13　郑欧班列开行
（图片来源：视觉中国）

## （六）废物循环：新陈代谢永葆国土清新

固体废物处理行业在环境保护行业中的发展相对滞后，特别是我国固废处理行业发展仍处于初级阶段，固废投资占环保行业整体投入的比例不足 15%。而在西方发达国家，这个比例大部分超过 50%。因此，固体废物的处理市场需求非常大。实现固体废物的循环利用，对于我国实现循环经济的发展模式，实现社会可持续发展具有举足轻重的作用。

截至 2019 年底，我国城市污水处理厂有 2471 座，日处理能力 17 863 万 m³，污水处理率为 96.81%。2019 年，全国县城污水处理厂有 1669 座，处理能力 3587 万 m³/d，污水处理率达 93.55%。

截至 2019 年底，全国城市生活垃圾无害化处理场（厂）共 1183 座，其中垃圾焚烧厂 390 座，广东省以 48 座垃圾焚烧厂居榜首（图 2-14），生活垃圾无害处理能力为 869 875t/d，焚烧处理能力为 457 639t/d。截至 2019 年底，全国县城共有生活垃圾无害化处理场（厂）共 1378 座，生活垃圾无害化处理能力为 246 729t/d。

图 2-14　广州李坑垃圾焚烧厂
（图片来源：视觉中国）

例如，浙江省湖州市德清县 2009 年率先实现全县城乡垃圾统一收集管理，2014 年在全国率先实施"一把扫帚扫到底"的城乡环境管理一体化模式，同时探索农村生活垃圾分类工作。截至 2019 年 10 月，德清县生活垃圾减量化效果明显，其他垃圾日处理量从 700 余吨减少至 550t，全县城乡垃圾收集覆盖率达到 100%，生活垃圾无害化处理率达到 100%。

# 二、美丽乡村　慰藉乡愁

## （一）乡村回眸：敢叫旧貌换新颜

　　早期农房基本上没有太多抵御自然灾害的能力，呈现出因地制宜、就地取材的特征（图2-15）。随着新中国的成立，我国农房开始兼具多功能用途属性：一是居住；二是生产，包括家禽家畜饲养、晾晒庄稼等。因此，形成了厨房和厕所都不在主体房屋内，以辅助房屋的形式搭建（图2-16）。

图 2-15　就地取材的木板茅草房
（图片来源：刘敬疆 摄）

图 2-16　我国农村常见的民房
（图片来源：刘敬疆 摄）

　　1950 年，我国颁布《中华人民共和国土地改革法》后，农村的居住问题初步得到解决，实行迁村并点，逐年改造、新建了不少房屋。农房迎来新一轮建设高潮的同时，各地农房朝着红砖红瓦的统一化方向发展，开始出现砖木混合结构，安全性有所提升。1978 年，党的十一届三中全会后，我国进入了社会主义现代化建设的新时期，村镇建设模式、农村人居环境面貌和农民生活方式都发生了很大变化，农房建造技术取得进步，木质结构开始被淘汰，土坯与茅草开始被替代，砖混结构基本普及（图 2-17）。

　　据统计，我国农村居民人均住房面积从 1978 年的 $8.1m^2$ 提高到 2019 年的 $48.9m^2$（图 2-18）。

　　一条路，富一村；条条路，富万家。从砂石路到柏油路，一条条农村公路为乡村振兴增添新动能，成为人民群众的致富之路、幸福之路、团结之路，也成了党和政府情系农村人民的"连心路"。改革开放初期，我国农村公路只有 59 万 km，随着农村公路建设的步伐加快推进，到 2019 年末，农村公路总里程（含县、乡、村道）达 420.05 万 km，已实现全国具备条件的乡镇和建制村通硬化路，"出门硬化路、抬脚上客车"已然成为现实（图 2-19、图 2-20）。

图 2-17　20 世纪 80—90 年代村镇住房情况

（图片来源：刘敬疆　摄）

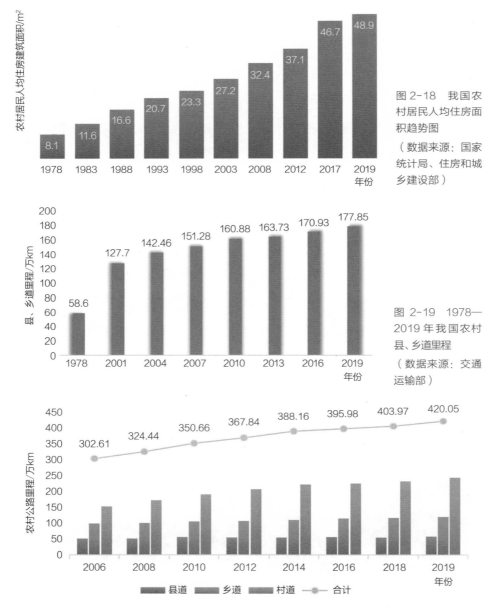

图 2-18　我国农村居民人均住房面积趋势图（数据来源：国家统计局、住房和城乡建设部）

图 2-19　1978—2019 年我国农村县、乡道里程（数据来源：交通运输部）

图 2-20　2006—2019 年我国农村公路（含县、乡、村道）里程

（注：从 2006 年起，村道正式纳入农村公路里程统计口径）

（数据来源：交通运输部）

## （二）千村千面：乡村振兴新高潮

改革开放 40 多年，是我国农村发生巨大变化的 40 多年，生产方式和生产力得到飞速发展，乡村建设从单纯注重房屋建设发展为统筹生产建筑、公共建筑和基础设施的全面规划建设，并开始注重改善农村的生产生活环境。农房住用功能开始明确，配套设施不断完善，建筑形式出现多样化，逐渐形成了地域文化特色（图 2-21）。

安徽庐江县百花村
（图片来源：陶忠 摄）

山西灵丘县车河社区
（图片来源：朱立新 摄）

山东枣庄市古庄村
（图片来源：李丹 摄）

云南永仁县迤帕拉村
（图片来源：高晓明 摄）

图 2-21　我国不同地区的农村住房（一）

福建长泰县山重村          浙江象山县莲花村

（图片来源：张达 摄）       （图片来源：张达 摄）

图 2-21　我国不同地区的农村住房（二）

2012 年，随着党的十八大召开，我国迈入了新的历史发展阶段，农村土地"三权分置"及农业补贴政策体系不断完善。党的十八大报告中特别强调："解决好农业农村农民问题是全党工作重中之重，对于做好新阶段'三农'工作，推进社会主义新农村建设和小康建设，促进经济社会协调发展，构建社会主义和谐社会，具有重大而又深远的意义。"

2017 年，党的十九大把乡村振兴战略作为国家战略提到党和政府工作的重要议事日程，中共中央、国务院印发了《乡村振兴战略规划（2018—2022 年）》，提出坚持因地制宜、突出地域特色，防止乡村建设"千村一面"。通盘考虑土地利用、产业发展、居民点布局、人居环境整治、生态保护和历史文化传承，并在浙江、广东、福建、江苏等经济发达省份做了很多大胆探索和尝试（图 2-22 ~ 图 2-24）。

图 2-22　浙江省杭州市临安区指南村（图片来源：罗璋摄）

图 2-23　广东省清远市连南乡村秋色（图片来源：视觉中国）

图 2-24　福建闽北宁德周宁县礼门乡陈峭古村
（图片来源：视觉中国）

## （三）脱贫攻坚：危房改造暖民心

党的十八大以来，党中央把解决农村贫困人口住房安全问题作为实现贫困人口脱贫的基本要求和核心指标，作为打赢脱贫攻坚战和全面建成小康社会的标志性工程（图2-25）。

在近年来发生的多次5级以上地震及雪灾、洪水等自然灾害中，实施危房改造后的农房基本完好无损，较好地保护了农民生命财产安全，被贫困群众称为"安全房""保命房"（图2-26）。

## （四）宜居农房：奏响"三农"乐章新强音

党中央提出建设社会主义新农村以来，我国农民依靠自身力量解决了"住有所居"问题。

2019年2月，住房和城乡建设部发布《关于开展农村住房建设试点工作的通知》，提出支持群众建设一批农民喜闻乐见且功能现代、风貌乡土、成本经济、结构安全、绿色环保的宜居型示范农房，并提出到2035年的任务目标：农房建设普遍有管理，农民居住条件和乡村风貌普遍改善，农民基本住上适应新的生活方式的宜居型农房。

## 案例一：浙江湖州安吉县余村

余村，是习近平总书记"绿水青山就是金山银山"理念诞生地。余村以村庄规划为抓手，通过产业调整、村庄规划、环境美化以及积极发展生态旅游经济等举措，有效地推进了社会主义新农村建设，全力打造"村强、民富、景美、人和"的中国最美县域的"村庄样板"（图2-27）。

改造前

改造中

改造后

图 2-25 我国农村危房改造成果示意图
（数据来源：住房和城乡建设部，张澜沁 制）

图 2-26 广西融水县云际村坡寨屯建档立卡贫困户危房改造
（图片来源：詹毅 摄）

图 2-27 浙江湖州安吉县余村（图片来源：王合文 摄）

## 案例二：安徽合肥长丰县吴山镇

吴山镇紧紧围绕"生态宜居村庄美，兴业富民生活美，文明和谐乡风美"建设目标，结合实施土地整治、城乡建设用地增减挂钩项目，大力推广应用宜居型装配式农房，村民住上了"功能现代、风貌乡土、成本经济、结构安全、绿色环保"的宜居型装配式农房，并成功打造"政府引导、企业主导、农民主体、社会参与"的宜居型装配式农房建设新模式（图2-28）。

图 2-28 安徽合肥长丰县吴山镇（一）

图2-28　安徽合肥长丰县吴山镇（二）

（图片来源：汪德摄）

吴山镇 新农村建设

## 案例三：拉萨市高海拔生态功能区生态搬迁安置项目

拉萨市堆龙德庆区古荣乡高海拔生态功能区生态搬迁安置项目是西藏实施的首个高海拔生态搬迁项目，新迁入地海拔约3800m，距离拉萨市区27km，毗邻109国道，靠近堆龙德庆区工业园。建设内容包括住宅、幼儿园、村委会综合楼等配套用房，根据家庭人数多少，每个家庭可分到80～180m²大小不等的户型（图2-29）。

## 案例四：湖南湘西花垣县十八洞村

十八洞村，位于湖南省湘西土家族苗族自治州花垣县，深藏武陵山脉腹地，因闭塞导致贫困，2013年当地贫困发生率达56.76%，是典型的苗族聚居贫困村。2013年11月3日，习近平总书记在十八洞村首次提出了"精准

扶贫"的重要战略思想。7年来，这个因贫困落后而默默无闻的小山村发生
了天翻地覆的历史巨变，大力推进乡村建设，探索产业发展模式，走出了一
条摆脱贫困实现富裕的正确道路，书写着一部"可推广可复制的精准扶贫之
路"，是中国共产党为人民谋幸福担当精神的生动体现（图2-30）。

图 2-29　拉萨市
堆龙德庆区古荣乡
高海拔生态功能区
生态搬迁安置项目
（图片来源：钱伟
摄）

图 2-30　湖南湘
西十八洞村
（图片来源：视觉
中国）

## （五）人居环境：描绘乡村风貌新画卷

近年来，我国大力推进农村基础设施建设和城乡基本公共服务均等化，农村人居环境总体水平逐步提高。《国务院办公厅关于改善农村人居环境的指导意见》《农村人居环境整治三年行动方案》等政策文件的发布实施进一步提升了农村人居环境质量，为全面建成小康社会打下坚实基础。

"厕所革命"是改善农村人居环境的重点环节，通过开展农村户用卫生厕所建设改造，引导农村新建住房配套建设卫生厕所，推进厕所粪污无害化处理，使昔日农村旱厕彻底改头换面（图2-31）。同时，农村居民健康知识知晓率和个人卫生习惯形成率得到明显提高，提升了农村精神文明建设。

传统农村旱厕（图片来源：赵佳伟 摄）

现代农房室内卫生间（图片来源：高晓明 摄）

图2-31　"厕所革命"带来农村厕所变化（一）

福建光泽县山头村
公厕
（图片来源：张利
君 摄）

图 2-31 "厕所革命"带来农村厕所变化（二）

农村生活垃圾治理是美丽乡村建设和农村生态文明建设的一项基础性工程。近年来，不少乡村实现了令人欣喜的转变，从无人统筹、各自为政转为规范有序管理，从垃圾四处可见转为村貌整洁、风景如画（图 2-32 ）。

图 2-32 河北卢龙
县刘田庄杨家台村
垃圾治理效果明显
（图片来源：彭宗
福 摄）

与城市完善的基础设施相比，农村聚居地的污水处理相对落后，农村污水的随意排放可造成江河湖泊流域、地下水等水环境受到污染。通过农村污水处理设施的建设和运行，不仅能改善农村生活环境，还能控制流域的水质污染和湖泊的富营养化，减少了污染量，改善了水体环境，同时处理后的中水可用于农业灌溉，缓解农业用水的紧张（图2-33）。

图2-33 陕西杨凌元树村污水处理设施

（图片来源：于文摄）

## （六）文化传承：乡风浩荡方能乡愁永恒

乡村特色文化是中华民族传统文化的根基，影响着中国广大农民的精神生活，它的传承与发展对于提高文化自信、落实乡村振兴战略具有积极而重要的作用。《中华人民共和国乡村振兴促进法》第四章对农村精神文明建设、培育文明乡风、公共文化服务体系建设、遗产保护以及乡村特色文化产业发展等乡村文化繁荣内容进行了专章论述，并将其作为乡村振兴的关键路径。

农村优秀传统文化发源于我国源远流长的农业社会中，植根于博大精深的农耕文明中，形成于以熟人社会为基本建构基础的农村地区，对塑造农民精神世界、稳固农村社会形态起着极为重要的作用。近年来，我国多地农村坚持强化社会主义核心价值观建设，以优秀文化引领乡村文化的前进方向，从根本上加强了农村精神文明建设，提高了乡村社会文明程度。如加大保护传统宗庙、祠堂等建筑（图2-34），承载和体现深厚的历史积淀和悠远的传统风俗，为世代留传宝贵精神财富；通过文化上墙，建设村史馆、民俗馆等方式引导群众尊重文化、尊重历史，从而创造精神文明建设主阵地，使农民群众留住乡愁（图2-35～图2-37）。

图 2-34 浙江江山清漾村毛氏祖祠
（图片来源：视觉中国）

图 2-35 江西景德镇浮梁县村景及村史馆

（图片来源：张旭东 摄）

图 2-36　山东济宁小孟镇乡风
　　　文明建设美丽乡村画卷
　　（图片来源：张旭东 摄）

图 2-37　山东新泰羊流镇官路村村容村貌
　　　　（图片来源：王红心 摄）

　　党建引领作为发动乡风文明建设新引擎，通过发挥基层党组织及党员的先锋模范作用，积极带动群众全面参与乡村治理，真正架起党群"连心桥"（图 2-38、图 2-39）。

图 2-38　安徽合肥庐江县百花村党群服务中心
　　　　（图片来源：陶忠 摄）

图 2-39　广西崇左保安村党群议事室内景
　　　　（图片来源：刘刚 摄）

## （七）科技赋能：为乡村振兴插上智慧"翅膀"

　　科技是第一生产力。近年来，城市建设取得的科技成果不断移植到乡村建设中，乡村规划和工业化农房建造、人居环境和厕所革命、信息化和智能化在乡村建设中的应用，有效地带动和提升了乡村生活品质。

新型建造方式和绿色建材在农房建设中的推广和应用，使得农房的舒适性和安全性明显提高，例如农房承重结构采用的轻型钢框架，具有自重轻、强度高、抗震性能好的特点，适用于地震设防烈度 8 度及 8 度以下地震区（图 2-40）。

图 2-40　轻型钢框架结构及节点连接
（图片来源：向以川 摄）

小知识

　　轻型钢框架：由小截面的热轧 H 型钢、高频焊接 H 型钢、普通焊接 H 型钢或异形截面型钢、冷轧或热轧成型的钢管等构件构成的纯框架或框架 – 支撑结构体系。
　　绿色建材：是指在全生命周期内可减少对天然资源消耗和减轻对生态环境影响，具有"节能、减排、安全、便利和可循环"特征的建材产品。

通过积极发展和利用太阳能、地热能、生物质能等清洁能源，极大程度上解决了农村地区能源消费结构不合理，能源利用形式落后、效率低等问题，为生态环境保护作出贡献。此外，互联网、大数据、信息化等智慧农村建设有效地促进了农村开放社区的建设，对提高农民收入、推进农业新型产业化建设具有重要的意义（图2-41、图2-42）。

图2-41　河南洛阳山区农村光伏发电站
（图片来源：视觉中国）

图2-42　北京农村"煤改电"工程
（图片来源：侯隆澍 摄）

## 三、地下空间　丰富多彩

地下空间从古老的遮蔽所发展至今成为包罗万象的综合体，集成轨道、交通、市政、配套服务、商业等一系列的功能系统。地下空间在城市中成了有效的连接器，将城市中呈点状的轨道站点、商业综合体、办公组群等通过地下空间展开了高效的互联互通，为城市的高效运转和快速发展提供了一个高效的资源共享平台（图2-43、图2-44）。

图 2-43 北京 CBD 核心区地下空间
（图片来源：北京市建筑设计研究院有限公司）

图 2-44 北京奥
体南区地下空间
（图片来源：北京
市建筑设计研究院
有限公司）

# （一）深不可测：看不见的地下空间资源与利用

## 1. 地下空间的发展沿革

地下住所是人类所知道的最古老的遮蔽所形式。当人们搬迁到地上居住时，出于经济环境的考虑，还部分地保留地下空间用作储藏和居住。

随着城市的急剧扩展、空间的严重短缺和暴涨的城市地价等原因，近年来人们对地下建筑的兴趣不断增长，进而去探索一种完全现代的地下城市设计概念。同时人口密度与日俱增，对于空间场所的需求也在同步增长，地下空间在城市规划中作为一个不可或缺的角色，它的出现，也是为了解决这些日益凸显的资源紧缺矛盾。

市政管线的敷设方式在地下空间的发展过程中起到了很大的推动作用。在城市的道路系统中，管线位于道路下方，是支撑城市正常运转的重要基础设施。在管线综合交错的网络中，人们逐渐意识到由于管线在道路下方的占位，使得轨道、城市下穿路等其他基础设施在选择上具有很大的障碍，产生了很多制约因素。地下空间建筑形态的出现，将市政管线吸纳进来，成为市政管廊，能够与其他基础设施结构一体化形成一个整体，因此推动了地下空间的快速发展（图2-45）。

图2-45　北京CBD核心区综合管廊示意图
（图片来源：北京市建筑设计研究院有限公司）

小知识

综合管廊：是指位于城市地下的管道综合走廊，即在城市地下建造一个隧道空间，将电力、通信、燃气、供热、给水排水等各种工程管线集于一体，设有专门的检修口、吊装口和监测系统，实施统一规划、统一设计、统一建设和管理，是保障城市运行的重要基础设施和"生命线"。

我国在北京、上海、深圳、苏州、南京、杭州等地均建有综合管廊。综合管廊建设的一次性投资高于管线独立铺设的成本，但对于日后的管线维护、更替和扩容都非常便捷，不会影响路面的日常运行。北京在 1958 年就在天安门广场下铺设了 1000 多米的综合管廊。2006年在中关村西区建成了中国大陆地区第二条现代化的综合管廊。该综合管廊主线长 2km，支线长 1km，包括水、电、冷、热、燃气、通信等市政管线。1994 年，上海市政府规划建设了大陆第一条规模最大、距离最长的综合管廊——浦东新区张杨路综合管廊。该综合管廊全长11.125km，铺设了给水、电力、信息与煤气等四种城市管线。

随着地下空间发展的日趋成熟化，我们把地下空间概念定义为广泛而多样化的地下空间利用，以及这种空间与现有的或规划中的地上城市全面融合。地下空间提供了一个新的城市维度，它将大大影响传统的地上城市。这种创新的城市形式是地上城市的补充，提供了土地利用的一种新设想。

2. 地下空间在城市中发挥的作用

地下城市空间能保护土地和环境，并且节省出大量的空间作为绿地和开放空间。它能提供一种私密、安静和令人放松的环境。正因为如此，它对于创造性的工作，如写作、音乐、作曲、绘画和雕塑等，是非常理想的。

在城市功能逐渐复杂化、需求逐渐增多的情况下，在地面交通逐渐超负荷运转的情况下，地下空间深度和广度的开发逐渐被提上日程，越来越多高度集约的地下空间纳入发展规划当中，地下空间的统筹成为规划当中的先决因素，为整个区域的规划策略和方向奠定了坚实的基础。

地下空间作为一个系统信息的综合平台，与周边楼宇有强大的连通性，在区域内起到了核心作用。

地下空间处于城市的密集发展区域，容纳的功能系统主要包括与轨道相连接的人行交通，扩展城市立体交通网络的车行交通，为城市输送血液的综合管廊，大型的停车区域以及为大量人流提供的综合配套设施，包含商业、餐饮、健身区域以及其他体验类项目。地下空间的高度整合性在于能够将这些传统意义上完全不同的功能板块高度集成为一个结构共构体。

地下空间这一建筑模式的产生，对于城市的高效发展起到了很大的推动作用。以人行交通的功能系统为例，在传统的城市节点中，乘坐轨道交通到达目的地，通常会从轨道站点出地面，或穿行马路到达公交站点，或是步行到达。地下空间产生之后，人们乘坐轨道交通到达后，经由一段充满活力的人行通道，通道两侧可以有小型的商业店铺，如早餐、便利店、展陈和艺术文化宣传等。或快走或停留，行人有了更多的舒适性选择。地下空间将城市节点做了一个重大的整合，对于城市品质做了高度的提升，提高了人们的舒适度（图2-46）。

3. 地下空间的开发利用

地下空间的开发目的是根据地质情况合理利用地下资源，切实保护适应未来发展的战略性资源。

首先掌握地质详细数据为地下建设提供科学依据。其次地下空间开发遵循的原则是首先利用浅层、次浅层，深层作为保护性资源，为以后重大基础设施地下化留有余地。依据公共都市战略，合理选择机动车停车配建比例，尽量避免对地下空间进行大规模破坏性开发。

促进地下空间资源合理使用，提出先进的地下空间布局要求。根据地质勘探的情况，结合地下空间开发规模预测结果，合理使用工程用土，就地平衡，进一步建构立体城市地形，丰富城市空间形态（图2-47）。

图2-46 北京CBD核心区地下通廊（图片来源：北京市建筑设计研究院有限公司）

图2-47 南京江北新区地下空间（图片来源：上海市政总院）

4. 我国地下空间发展态势

中国城市地下空间的开发数量快速增长，体系不断完善，特大城市地下空间开发利用的总体规模和发展速度已居世界同类城市的前列。中国已经成为世界城市地下空间开发利用的大国。以北京为例，2015 年北京地下空间建成面积已达到 6000 万 $m^2$，今后全市地下空间平均每年将增加建筑面积约 300 万 $m^2$，占总建筑面积的 10%（图 2-48）。

图 2-48　北京大兴国际机场场前地下空间
（图片来源：北京市建筑设计研究院有限公司）

大型城市地下综合体建设项目多、规模大、水平高。许多城市结合地铁建设、城市改造和新区建设，建设了规模巨大、功能综合、体系完整的地下综合体。如北京中关村、奥运中心区，上海世博园区、火车南站、五角场，广州珠江新城，杭州钱江新城波浪文化城等。这些项目规模都在 10 万 $m^2$ 以上，开发层数 3 ~ 4 层，集交通、市政、商业于一体，内部环境优越，地上地下协调一致（图 2-49）。

地下空间很重要的功能分支是人民防空工程。地下空间规模庞大，能够有条件容纳大量的战时库存和人员掩蔽场所，具有超强的容纳性，同时与周边的用地有很好的连通性，便于为周边项目提供避难资源。同时，地下空间的人防工程在平时能够作为停车空间，为区域提供停车位，实现了平战结合的有效利用。地下空间在城市中的分布形态和人防工程的需求进行统一配置

图 2-49 石家庄 CBD 地下空间

（图片来源：北京城建设计研究总院有限责任公司）

和协调，为城市的安全保障和资源的高效利用提供了一个很好的平台。

地下空间规划控制与引导作为城市规划阶段的一个重要子系统，融入城市规划体系中，在宏观、中观及微观层面对城市地下空间未来可能的形态、空间环境和发展方向发挥着至关重要的作用。

地下空间在城市空间中所发挥的作用，无论是人行系统、车行环路，还是综合管廊或是配套服务，几大系统功能的整合与搭建，最终的落脚点是提供区域内使用人的舒适度。地下空间已经完全改变了传统意义的地下室，通过下沉广场或是采光窗等技术手段将其地面化，大大削弱了地下空间的消极因素。使得人们身处其中，地上地下无缝衔接，灵活自如，极大地增强了体验感和舒适度。

## （二）坚若磐石：地下空间是现代城市运行的基石

地下空间是根据区域的使用需求而形成的。纵观城市中存在地下空间的区域，通常具备以下几个特征：

城市的交通站点特别是轨道站点，是产生地下空间的一个非常重要的城市节点。例如城市中典型的以公共交通为导向的发展模式（TOD模式），其中的公共交通主要是指火车站、机场、地铁、轻轨等轨道交通及巴士干线，然后以公交站点为中心、以400～800m（5～10min步行路程）为半径建立中心广场或城市中心，其特点在于集工作、商业、文化、教育、居住等于一身的"混合用途"。TOD模式主要是通过土地使用和交通政策来协调城市发展过程中产生的交通拥堵和用地不足的矛盾，是目前国内外大城市地下空间的发展方向（图2-50）。

图2-50 北京城市副中心综合交通枢纽地下空间
（图片来源：北京市市政工程设计研究总院有限公司）

小知识

TOD 模式：TOD 即 Transit Oriented Development 的缩写，是指以公共交通为导向的发展模式。

TOD 模式的高密度、多样性和更有利于行人的特性，使得它能够最大限度地利用城市轨道交通和城市空间，提升居民的出行效率和土地的使用效率，防止城市的无序扩张，优化城市结构。目前来看，土地资源有限、人口增长迅速、城市轨道交通发达的大城市，适合发展 TOD 模式。近年来，随着城市的持续发展，城市规划的重要性逐步显现，部分一、二线城市开始出台相关的城市规划政策，鼓励发展 TOD 模式。截至 2019 年末，我国 40 个开通轨道交通的城市中，已有近一半城市出台了与 TOD 相关的规划政策，旨在通过 TOD 理念促进城市有序发展，提高城市运转效率。其中，北京、上海、广州、成都等城市更是积极探索"轨道＋物业"的 TOD 开发模式，在促进集约、高效用地的基础上，进一步考虑到周边及沿线规划的一体化，重构城市的空间与服务。

## （三）丰富多彩：地下功能的多样开发

地下空间类型从使用功能上分，主要包括地下公共服务设施、地下交通设施、地下市政设施、地下工业设施、地下仓储设施及地下综合体等（图 2-51）。

图 2-51 北京北新桥地铁站设计优化及综合利用（图片来源：北京市城市规划设计研究院）

## （四）重构城市：地下空间重构城市核心区的品质

地下空间提供了一个将不同的功能系统整合在一起的空间场所。整合不同的功能属性是具备一些前提条件的。首先，整合功能中所包含的人行交通、车行交通和综合管廊大多为长向线性空间，便于通过立体化的交通组织整合在一起。其次，几种不同的功能属性从深度的利用上来讲，不会发生矛盾和重合，分置在不同的空间层次中。如人行空间利用的是浅层区域，车行空间在人行空间的下方，综合管廊在车行空间的下方（图2-52）。从剖面上来看，就构成了一个有机的共构结构体的标准断面。

图 2-52　地下综合体垂直空间开发剖面图
（图片来源：北京市建筑设计研究院有限公司）

集成整合后的结构空间与分置建设相比能够在很大程度上节约投资成本，结构体可以共用，同时竖向的疏散以及机电设施均可以达到共用的模式。

## （五）经典案例：地下空间一体化实例

### 1. 北京 CBD 核心区地下空间

北京 CBD 核心区规模庞大，总建筑规模约 410 万 $m^2$，地上约 270 万 $m^2$，

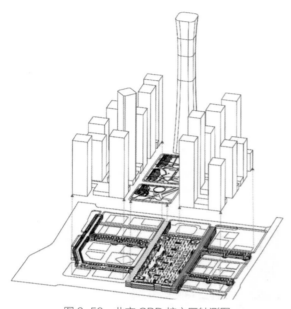

图 2-53　北京 CBD 核心区轴测图
（图片来源：北京市建筑设计研究院有限公司）

地下约140万 m²（图 2-53）。对于城市交通、市政等功能的需求量很大。地下空间在这个区域内承担了建立区域内交通资源共享平台的角色。区域周边已建和拟建的轨道线路分别在 CBD 核心区的不同方向与地下空间接驳，地下空间成为轨道交通到达人流和各个写字楼之间重要的联系纽带。区域内办公人员能通过地下空间内人行快速通道快捷地到达办公地点。车行交通通过地下空间形成立体化的城市交通网络，与周边每个地块均设有两个连通口，便于车辆形成地下交通网络，疏解地面交通压力。地下车行交通在核心区内形成内部循环的同时，在外部设有接口，与城市的交通体系连接。

综合管廊在地下空间内位于人行通道和车行通道的下方，承担着将市政管网内的市政管线通过区域内综合管廊输送到各个楼座内的功能，高效快捷，大大缓解了核心区内用地紧张、小市政敷设困难的问题，为核心区内搭建了一个坚实的市政资源共享平台。

北京 CBD 核心区地下空间实现了通过高效的组织构成、一体化建设的科技进步。地下空间将人行快速通道、车行环隧、综合管廊、综合服务配套设施、人防空间等有机整合，形成一个完备的地下空间形态，为区域内高密度的建筑开发提供了一个高效运转的资源共享平台。核心区的每一栋楼宇与地下空间均设有人行、车行和管线的连接口，通过这些预设的接口将每一个楼座一对一精准地插入地下空间中，通过高度集成的技术手段实现了土地、能源的综合开发与利用。

2. 南京江北新区地下空间

江北新区位于南京市万寿路及横江大道间，沿定山大街两侧，占地面积48 万 $m^2$。地下空间面积为 98.87 万 $m^2$，其中地下商业 34 万 $m^2$，地下停车 58 万 $m^2$，公共空间、地铁及地下综合管廊共计 6.87 万 $m^2$。区域内地上共计 24 个地块，其中包含商业办公用地与广场绿地（图 2-54）。

图 2-54　南京江北新区地下空间
（图片来源：上海市政工程研究总院有限公司）

江北新区中心区 CBD 地下空间一期项目，为地下 4 层、局部 6 层空间。地下一层为公共配套空间（含商业餐饮），地块之间实现南北连通。地下二层为公共配套空间，含商业餐饮。地下三层为地下停车空间，实现邻近地块的停车共享环线。地下四层及以下作为地下独立停车空间，满足地块内部的停车需求，其他为地铁层。

新城核心区的地下空间开发利用主要是沿着轨道交通周边进行大规模一体化开发（图2-55）。项目中主要实现的技术成果是地下空间的慢行交通系统协同地区绿色交通战略，形成立体、复合、连续的地下慢行交通系统，彰显中心区活力和商业价值。地下停车系统以公交导向性开发，合理设置机动车配建指标，降低小汽车在核心区的使用，营造安全、绿色的中心区交通出行品质。通过地下空间的打造，实现资源的优化配置、支撑系统的有力保障、上下空间的复合利用，最终实现江北新区的规划目标，提升城市形象，增强城市综合竞争力。

图2-55 南京江北新区核心区（图片来源：上海市政工程研究总院有限公司）

### 3.广州金融城

广州金融城位于广州都市区的核心区域。金融城起步区位于金融城整体规划范围的中部，总用地面积1.3万km²。起步区地下空间包括公共及非公共用地地下空间，总建设量约213万m²。公共地下空间总规模约50万m²，其中人行及商业配套约为23万m²，车行隧道约为21万m²，综合管廊约为6万m²。地面层主要为地面市政道路、广场、隧道车行出入口以及地下空间出地面设施等。地下一层主要包含地面覆土层、综合管廊、花城大道地下公交车站以及配套商业功能等。地下二层主要包含地下整体商业、公共人行通道以及新型轨道交通站厅，东侧局部为卸货区和出租车停靠站。地下三层主要包含地下车行隧道、翠岛区域停车库、新型轨道交通站台及区间（图2-56、图2-57）。

图2-56　广州金融城地下空间与轨道一体化建设示意图（图片来源：广东省建筑设计研究院有限公司）

图2-57　广州金融城地下空间示意图（图片来源：广东省建筑设计研究院有限公司）

4. 徐州轨道交通1号线彭城广场站

彭城广场是徐州主城区东西主轴客流走廊上最为繁华的商业中心，车站为地铁1、2号线的换乘车站，是国内首座集明－暗－盖挖于一体的大型换乘

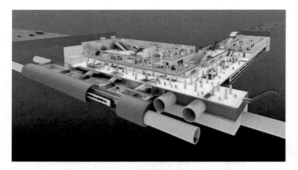

图 2-58 1 号线彭城广场站效果图
（图片来源：中国建筑集团有限公司）

车站，也是国内首座隧道群和坑中坑空间立体交错的半明半暗车站，包括 1 号线半明半暗车站、2 号线车站、明挖外挂厅三部分，在地铁建设领域具有典型代表性。其面临周边环境和地质条件复杂、工程体量巨大、施工工法多样、结构体系转换复杂等挑战（图 2-58）。

其中 1 号线为分离岛式地下五层车站，采用明挖顺作与暗挖施工。2 号线为明挖岛式地下 3 层车站，采用半盖挖顺作法施工。车站设 17 个出入口，3 组风亭及 2 个下沉广场。

## （六）科技助力：地下空间的盾构技术

盾构施工法是地下空间建造中一种常见的施工方式。盾构法是暗挖法施工中的一种全机械化施工方法，它是将盾构机械在地中推进，通过盾构外壳和管片支承四周围岩防止发生往隧道内的坍塌，同时在开挖面前方用切削装置进行土体开挖，通过出土机械运出洞外，靠千斤顶在后部加压顶进，并拼装预制混凝土管片，形成隧道结构的一种机械化施工方法。

在盾构法的施工过程中，各种任务都能够在较短的时间内高效完成，无论是支护还是挖掘以及排土等各项工作的效率都得到了极大提高。盾构法中的暗挖技术不会受到当地环境以及水文条件的影响，研究人员通过对暗挖技术进行多年的研究分析，证明了该技术在地铁施工的完工效果质量达标，并且安全性能非常理想。另外，利用盾构法施工所需要的建设场地面积较小，只需要一定的空间就能够立即施工，并且不会影响到周围的建筑使用和交通出行，不会产生较大的干扰性噪声影响到周围居民的正常生活。

盾构法施工在城市繁华地区以及软弱土层能够起到良好的应用效果，近年来随着施工技术的不断发展，越来越多的新型设备开始投入到隧道的开挖工作中。

## （七）未来趋势：地下空间与未来城市

在未来的城市建设中，地下空间与轨道建设同步实现。地铁站点所处的不同位置引导着地下空间形态的演变，也决定了其周围地区地下空间综合开发的功能和布局模式，地下空间的规划应结合地铁站点规划同步进行，进行站点腹地地上地下一体化的城市设计。在先期规划好地下空间与地铁站点的空间关系，确定地上地下综合开发的范围、出入口、交通接驳设施等，为将来实现连通预留接口位置，形成以轨道为节点，以通道连通周边建筑的地下空间网络。

在未来城市的规划建设当中，制定地下空间的核心和网络的空间策略。核心是指形成地下空间网络中新的增长点和趣味点，其空间形态可以是交通枢纽，也可以是商业综合体、下沉广场等。如深圳购物公园结合地铁车站建设了大型的地下购物广场，把下沉广场、商业综合体等形态巧妙地融合。餐饮、娱乐、购物等多元化的服务及优美的景观设计，使区域产生了对人流的强大吸引，同时，也带动了未来区域开发的活力，成为地下空间网络中的重要节点。

在未来城市的发展模式当中，多模式并举，协同开发。在空间形态上，结合地铁站点不同的功能定位，采取多模式并举开发，在地铁交通枢纽形成"地下商业＋地下停车＋交通集散空间＋公共通道网络"的综合功能，完成地铁腹地地下空间"以点带线成网"的转变。

21世纪"地下城市"的建设正在逐步实现，城市地下空间开发中相互连通技术的研究是地下空间发展的重点问题。"罗马不是一天建成的"，地下空间从"点"到"网"的转变，还有漫长的路要走。

<h2 style="text-align:center">四、诗意栖居　绿色家园</h2>

新中国成立70多年来，我国居民居住条件一直在不断改善。城镇人均住房建筑面积由1949年的8.3m² 提高到2019年的39.8m²，农村人均住房建筑面积提高到48.9m²。住房保障制度不断完善，保障性安居工程加快推进。实验小区、康居工程、商品住房、棚户区改造、保障性住房等建设工程，帮助人们实现了从土坯、木构的传统房屋搬入现代化住宅的变迁（图2-59）。

二十世纪八九十年代的胡同　　　　　　现在的胡同

图2-59　不同时期的北京胡同

## （一）探索前行：解决人民住房问题

在第一个"五年计划"时期（1953—1957年）引进了苏联的标准设计方法。标准设计建立在现代工业化建筑基础之上，大大提高了住宅建设的效率，成为新中国成立后增量住宅最主要的形式。"一五"末期，住宅设计开始了本土化的趋势，出现了小户型、外廊式等探索，以保证住宅功能完整性和居住舒适性。

20世纪60年代，经历了三年经济困难时期后，随着国民经济有了起色，住宅建设也得到了恢复。如1964年在北京左家庄小区尝试建设了装配式住宅试验工程。20世纪70年代中期，国家为了推进建筑工业化，尝试了"装配式大板体系、框架轻板体系、大模板现浇体系、大型砌块体系"等工业化住宅体系，建设了大量多层住宅。1977年结合北京前三门大街改造，我国首次成片建设起高层住宅群。

20世纪80年代初，我国开始对计划经济时期的公有住房体系进行市场化、商品化和私有化改革，这使住宅日益呈现丰富与多元发展的趋势。80年代中期开始，开展"全国住宅建设试点小区工程"，有效推动了住宅建设科技的落地实践和发展。中国特色住宅形态、技术体系，在这一时期逐渐形成。

1994年建设部联合国家科委等8个部委申请了"2000年小康型城乡住宅科技产业工程"。由建设部政策研究中心负责进行政策研究，建设部科技发展促进中心负责产品产业的研发，国家住宅与居住环境工程技术研究中心负责科技攻关，至2000年在全国各地建设了百余个小康示范小区（图2-60）。

图 2-60　小康住宅示范工程——北京燕化星城住宅区丙区（1996 年）

　　2007 年以来，我国政府先后出台了一系列关于解决城市低收入家庭住房问题以及加快推进保障性住房建设等方面的相关政策文件。我国在《中国落实 2030 年可持续发展议程国别方案》中也对应提出了"推动公共租赁住房发展，到 2020 年基本完成现有城镇棚户区、城中村和危房改造任务"。自此之后每年的政府工作报告中，都会出现对保障性住房的相关要求，使得住房开发建设逐步走向良性发展。

　　新建住房质量不断提高，住房功能和配套设施逐步完善。"十三五"期间全国棚改累计开工超过 2400 万套，帮助 5000 多万居民搬出棚户区住进楼房。截至 2019 年底，3800 多万困难群众住进公租房，累计近 2200 万困难群众领取了租赁补贴，低保、低收入住房困难家庭基本实现应保尽保，中等偏下收入家庭住房条件得到有效改善。

## （二）人居环境：使邻里空间更宜居

住区环境、住宅单体及套内环境的品质直接影响着人们的生活起居，是住宅承载、塑造生活效用的本质体现。随着经济的发展，人们越来越关注房子的质量和高品质的生活。从原来的土坯房能住人，到现在讲究健康舒适，意味着需要规划、设计、施工等多个领域合力创建高品质的居住环境。

北京菊儿胡同新四合院由吴良镛院士负责设计，一期工程占地面积 2090m²，为北京市危房改造试点工程。主要探索了一条如何综合整治破旧危房，解决居住困难，试行房改，以及旧城区内进行住宅建设如何保护古城风貌的新路。一期试点工程共拆除 7 个院落，新建 2760m²、96 套住宅，解决了 44 户居民的住房问题。各户均有独立的厨房、厕所、阳台，人均居住面积从 5.2m² 扩大到 12m²。

> **小知识**
>
> ### 吴良镛院士：广义建筑学理论的提出者
>
> 吴良镛先生是国家最高科学技术奖获奖者，中国科学院院士，中国工程院院士，中国著名的建筑学家、城乡规划学家和教育家，人居环境科学的创建者。早年，吴先生曾帮助梁思成先生创建清华大学建筑学科，后一直在该校任教。他在国内首次提出"广义建筑学"理念，将城市建筑与人居环境科学结合，充分尊重建筑使用者。牵头发布被公认为是指导 21 世纪建筑发展的重要纲领性文献——《北京宪章》。吴先生指导完成了北京菊儿胡同改造工程，将建筑风貌与传统文化、人居环境三者做到了很好的保护和传承。

北京万泉新新家园项目在规划设计、新技术材料应用、施工指导、用户参与、小区管理等方面进行了一系列创新。规划强调院落的围合和空间界面设计。利用基地现状与城市规划道路的高差，设置地下车库。电梯的设置满足了通用设计的要求，是北京市最早在多层住宅建筑中采用电梯的项目之一，项目荣获"建设部优秀设计一等奖""国家优秀设计银奖"等奖项（图2-61）。

图2-61　北京万泉新新家园

上海崴廉公寓项目是以新型工业化技术建造的可持续性住宅，是我国首个"百年住宅"示范工程。为促进我国住宅粗放型建设模式转型升级，"百年住宅"以长寿化可持续建设为目标，采用支撑体与填充体分离体系建造，具有高耐久性、灵活性与适应性。项目对国外先进理念与技术进行消化、吸收与再创新，初步建立了适合中国国情和技术发展水平的住宅建造技术体系。

深圳作为改革前沿阵地，其城市住宅建设也在高密度社区、绿色建筑、装配式施工、智能家居、宜居社区等方面进行了丰富探索和实践，产生了如星河国际、金域蓝湾（图2-62）、红树西岸、博林天瑞花园等优秀住宅项目。

图 2-62　金域蓝湾（2002年）（图片来源：筑博设计）

## （三）健康住宅：给我一个理想的家

住宅是人们实现美好生活的空间载体。早在1999年，由国家住宅与居住环境工程技术研究中心联合建筑学、医学、公共卫生学、社会学和心理学等各方面专家，开展了跨领域、跨学科的居住与健康研究项目，并开展实态调查，了解居民关注的健康痛点，整合国家级专家团队有针对性地进行科研攻关，开展了140余项居住健康研究，不断完善健康住宅建设的技术体系（图2-63）。健康环境营

图 2-63　基于居住者健康体验的健康住宅评价体系

造作为住宅建设的重要内容也日益受到房地产开发单位的重视，20年间，从舒适热环境技术、卫生饮用水技术等单项健康技术向健康技术体系发展，健康住宅进入快速发展期。

随着《"健康中国2030"规划纲要》的制定与实施，人们逐渐意识到住宅与居住环境对人体健康的重要性。研究人员将住宅健康性能确定为空间舒适、空气清新、水质卫生、环境安静、光照良好和健康促进六大要素，清晰表达了居住健康的体验与目标，以便于人们理解并转化为健康行动，包括健康的居住环境和健康的生活方式。

根据健康住宅评价体系，住宅空间应当满足居住者生理和心理健康需求。如卫生间需具有自然通风和采光功能，且无视线干扰；居室或阳台应具有良好景观朝向；为控制室内空气质量，在建设过程中控制污染源，在建成后进行空气品质检测并采取通风换气措施；为防止饮用水水质超标对人体健康造成危害，在供水方式、管材选用与连接方式等方面进行严格把关，并定期对住区内的给水水质进行监测和有效处理；为消除噪声对人的压力和刺激，需要从建设选址、街区规划、建筑设计、建筑施工、设备安装到设备运行等全环节全流程控制；针对老年人和儿童的光环境需求进行特殊设计；通过开放街区、交往大堂、文化活动设施与绿化环境，促进居民交往与培养健康的生活方式等。

2001年起，国家住宅工程中心在全国范围内开展健康住宅试点建设。20年的居住健康理论与实践研究，催生出众多优秀的项目案例，如北京奥林匹克花园（一期）、金地格林小镇等。目前已经获得健康住宅认证的工程遍布中国43个城市，示范工程和实践项目超过80个。

小知识

　　住宅的适老化设计：住宅是老年人日常生活中接触时间最长的环境，住宅环境中的适老化设计直接影响老年人的身心健康。住宅的适老化设计包括空间构造、物理环境、产品设备、智慧互联等多方面的内容，完善适宜的适老化设计是提升老年人居家安全以及生活获得感的重要保障。此外，近年来住宅的适老化改造也逐渐成为老旧小区综合整治提升工作的重要环节。随着适老化住宅理念的推广与普及，适老化设计与改造将更快地走进我们的家中。

## （四）棚户改造：改善困难群体条件

　　棚户区改造是我国政府为改造城镇危旧住房、改善困难家庭住房条件而推出的一项民心工程。2005 年起，东北地区成为全国大规模棚户区改造的先行者。2008 年，全国启动棚户区改造。截至 2012 年，中央及地方政府棚改累计投资超过 4000 亿元，完成各类棚户区改造 1260 万户。2013 年起，我国棚改大规模推进，取得历史性成效，2013 年至 2017 年累计改造各类棚户区 2645 万套，惠及 6000 多万居民，改造数量和惠及居民数量均比 2008 年至 2012 年翻了一番。至 2018 年底，全国范围内 1 亿多居民"出棚进楼"，住房条件得到极大改善（表 2-1）。在改善居民住房条件的同时，棚户区改造也提升了城镇综合承载能力，优化了城市功能，促进了社会和谐稳定。

表 2-1　全国棚户区改造开工套数

| 年份 | 2008—2012 | 2013 | 2014 | 2015 | 2016 | 2017 | 2018 | 2019 |
|---|---|---|---|---|---|---|---|---|
| 套数 / 万套 | 1260 | 320 | 470 | 601 | 606 | 609 | 626 | 316 |

（数据来源：2008—2012 年数据来源于国家统计局，2013 年数据来源于《国务院办公厅关于进一步加强棚户区改造工作的通知》国办发〔2014〕36 号，2014—2019 年数据来源于住房和城乡建设部网站）

辽宁省抚顺市莫地沟棚户区是抚顺市著名的棚户区。房屋大多是 20 世纪 50 年代初建的简易平房，每户平均住房面积不足 24m²，人均不足 8m²，生活环境极差。2005 年 4 月，抚顺棚户区改造在莫地沟拉开了帷幕，共动迁 1487 户，建新楼 106 栋，安置回迁居民 6407 户、16 018 人。莫地沟一期施工建设 13 栋楼 4.7 万 m²，936 户的施工任务只用了 168 天，成为抚顺市棚改的一个样本。

内蒙古包头市东河区北梁棚户区是包头市面积最大、最典型的城市棚户区，人均住宅面积不足 15m²，北梁地区的住房 90% 以上为超过 50 年的土木结构危旧房屋。2011 年以来，当地开始陆续建设改造房，创造了 3 年拆迁 13km²，安置 4.7 万户、12.4 万居民的棚改工程奇迹。2015 年，包头市获"全国棚户区改造示范城市"殊荣，北梁成为全国棚户区改造规划建设和可持续发展的典型。

湖北省武汉市青山棚户区分布于武汉青山区工人村、青山镇、厂前、红钢城等 4 个街道的 11 个社区，常住人口 4 万多，曾是武汉市乃至华中地区最大的棚户区。从 2007 年开始，当地党委政府加大力度解决工人村的住房问题，2009 年青山工人村第一个棚改小区拔地而起。2011 年，周围大片的棚户区随着拆迁而消失。到了 2015 年 12 月，青和居社区 5235 户居民已全部搬迁进新居。

内蒙古阿尔山市圣泉小区位于大兴安岭林区，早在 20 世纪 50 年代中期，新中国的第一代林业工人就开始在这里工作生活，最多时职工与家属达 5 万多人。长期以来，本地区到处都是低矮、破旧的平房，一排排面积狭小、漏风漏雨的板夹泥房屋，每户只有 20 ～ 30m²，逼仄的空间内挤着几代人。2014 年春天，阿尔山市开始进行大规模改造以解决棚户区问题，截至 2019

年初，累计投入资金 40 亿元，共计 10 200 户居民入住新居，基本完成了阿尔山市棚户区改造工程。

## （五）社区再生：重焕老城区的生机

社区改造是重大民生工程和发展工程。改善老旧社区房屋陈旧、建设标准低、功能不完善、居住环境差、土地利用效率低等现状，对满足人民群众美好生活需要、推动惠民生扩内需、推进城市更新和开发建设方式转型、促进经济高质量发展具有十分重要的意义。

1. 修补老化住宅，提高居住品质

很多早期建设的城镇社区住宅面临老化的问题，节能改造通过增加性能更好的保温材料，更换密闭性更好的外窗，使得室内舒适度得到有效提高。很多住宅设施老化，如上下水管道和电线老化，针对供水、排水、供电、弱电等设备设施的替换、扩容显得尤为重要。社区适老化改造是解决进入老龄化社会的主要手段，增加社区的无障碍设施、提升可识别性、提供老年人活动健身场地、加装电梯等方式可为老年人提供一个便捷安全的居住环境（图 2-64）。

2. 补齐社区短板，完善服务功能

社区是居民生活的基本单元，配套设施是支撑居民日常生活的必要保障，也是提升居民生活品质的有效手段。社区建设通过发掘社区既有空间，协调整合周边社区资源，补充居民需求的活动空间、停车设施、便民场所、管理用房等配套，创造完整的社区功能。

停车问题一直是老旧小区主要关注的问题之一。随着私家车的普及，由于老旧小区没有地下车库，地面的空间突显不足，但又要保证绿化空间和居

图 2-64 北京西城车公庄中里住宅未加电梯改造楼栋（左）与加电梯改造楼栋（右）对比

民的活动空间，适当规模的立体停车楼可极大地缓解停车问题。

3. 更新住宅风貌，提升城市魅力

随着城市的发展，城市形象得到极大的改善。住宅用地一般占城市可建设用地近 40%，某种意义上住宅风貌代表了一个城市的形象。经过多年使用，很多住宅外立面已经陈旧，存在色彩单一、大量破损等问题，极大地影响了城市形象。在城市风貌导则的指引下，通过屋面平改坡、外立面更新、标识系统建立、架空线入地等手段，使得社区在提高住宅性能的基础上，风貌环境焕然一新，从而让城市更有魅力（图 2-65）。

4. 坚持居民参与，共建美好家园

老旧小区不同于新建住宅，居民已经在这里生活了多年，居民居住中的问题是改造的前提，居民的参与是老旧小区改造的必要过程，也是解决问题的最有效方法。改造过程中需要专业人员进入社区，主动了解居民诉求，为

图 2-65　北京屋面平改坡案例

老旧小区改造

居民解释专业的方法，促进居民达成共识，发动居民积极参与改造方案制定，共同完成改造工作，从而提升社区价值。

## （六）住房保障：让每个家庭有房住

保障性住宅建设是我国城镇住宅建设的重要组成部分，对于解决城镇居民基本住房问题和困难群众住房问题具有重要意义。我国保障性住房经历不同阶段的演变，住房类型从向低收入家庭提供保障的廉租房、经济适用房、两限房，到改善"夹心层"和城市新移民居住条件的公共租赁房、自住型商品房和共有产权住房，再到为吸引各类人才提供的人才住房。保障方式也在不断调整，从租赁、出售再到共有产权。多层次和多形式的保障性住房建设力求为更多有住房需求的家庭提供基本的保障（表 2-2）。

小知识

> 保障性住房：指政府为中低收入住房困难家庭所提供的限定标准、
> 限定价格或租金的住房。可具体分为经济适用房、廉租房、两限房、公
> 共租赁房、共有产权房等。具有此类性质的住房还有新加坡的组屋、日
> 本的公团住宅等。

表 2-2　全国保障性住房建设情况

| 年份 | 2009 | 2010 | 2011 | 2012 | 2013 | 2014 | 2015 | 2016 | 2017 | 2018 | 2019 |
|---|---|---|---|---|---|---|---|---|---|---|---|
| 套数 / 万套 | 200 | 370 | 432 | 480 | 544 | 480 | 772 | 816 | 839 | 668 | 318 |

（数据来源：2009—2015 年数据来源于《建筑设计资料集（第三版）》；2016—2017 年数据为
国家统计局棚户改造、公租房、农村地区建档立卡贫困户危房改造数量之和；2018—2019 年数据
为国家统计局棚户改造、农村地区建档立卡贫困户危房改造数量之和）

　　郭公庄一期公租房位于北京市丰台区郭公庄地铁车辆段北侧，是北京市保
障性住房建设投资中心直接投资建设的公租房项目。项目设计于 2013 年，总
建筑面积 21 万 m²，地上建筑面积 14.7 万 m²。共有 3000 套住宅，以 40m²
和 60m² 的小面积套型为主（图 2-66）。住宅楼地上部分全部采用工业化方
式建造，有效提高了住宅质量。规划上采用与传统小区不同的开放街区，引入
商业、办公等功能，创造复合型新社区，通过产业化的方式为居民建设一个高
品质的居住环境。

　　北京成寿寺社区位于南三环方庄桥，是北京市为贯彻落实党的十九大提
出的"房住不炒、租购并举"的方针，自 2017 年开始供应土地建设的集体
租赁住房中首个建成的，也是全国范围内第一个开工并实现运营的项目。项
目在主入口位置集中设置了 500m² 社区公共起居室——"城市客厅"，将
共享书吧、健身房、服务台等功能置入其中，并作为连接体串联到达各个居
住单元，同时分散布置公共洗衣房、共享厨房、快递站等，有效地将住户的

居住半径扩展到整个社区，与社区公共空间有机融合，同时增加社区交往的机会，形成多元、互动的社区氛围，极大地提升了社区黏性（图2-67）。

图2-66　北京郭公庄一期公租房（图片来源：赵钿摄）

图2-67　北京成寿寺集体土地租赁住房

　　深圳龙悦居保障性住房项目是深圳市政府为解决人才和中低收入家庭住房问题投资兴建的大型住宅区，系深圳市2010年"十大民生工程"之一。

项目总占地面积 17.6 万 m²，总建筑面积 81.3 万 m²，可提供 1.1 万套保障性住房。通过合理规划建造群体布局，营造良好的通风采光环境；通过精细化室内空间设计，提高居住的舒适性，实现适用性、经济性和人性化的有效结合。项目同时利用工业化建造和绿色建筑技术，有效控制噪声及施工现场垃圾、废水、废气的排放。

## 五、摩天大厦　云中风景

### （一）从无到有：摩天大厦发展之路

图 2-68　上海国际饭店
（图片来源：视觉中国）

我们习惯说的摩天大厦，一般指高度在 100m 以上或者层数超过 40 层的超高层建筑。相对欧美一些发达国家，我国高层建筑起步较晚。1949 年，国内最高建筑是上海国际饭店，主楼 24 层，高 84m（图 2-68）。其第一高楼的纪录一直保持到 1968 年，被广州宾馆取代。

新中国成立后，随着国家发展的需求和技术的成熟，一批早期建设的高层建筑在北京市沿长安街拔地而起，最有代表性的应该是新中国成立 10 周年"北京十大建筑"之一的北京民族饭店。该建筑地上 12 层，高度近 50m，建筑面积约 5 万 m²。而在长安街的另一侧，坐落着初建于 20 世纪初的北京饭店，后经过两次大的扩建，特别是 1974 年的扩建，20 层的主楼高度超过了 80m。两座建筑都曾经是首都第一高楼，体现了预制装配式和新型抗震体系等绿色建造技术在高层建筑上的有效运用。而在祖国的羊城广州，作为与国外连接的桥头堡，相继建起了一些高层涉外酒店，其中最知名的是 1968 年落成的广州宾馆（ 88m，27 层 ）和 1976 年落成的中国第一座超过 100m 的高楼——广州白云宾馆（ 114m，33 层 ）。这些建筑无不展现了新中国在经济、社会和建设事业发展上取得的伟大成就（图 2-69 ）。

　　改革开放以来，我国的建筑高度从 100m，迅速增长到今天的 600 多米。从 1927 年自主建成第一座超过 50m 的高楼（上海海关大楼），到 1976 年国内第一座超过 100m 高楼的落成，整整经历了近 50 年的时间。而最近 40 年来，我国摩天大厦的高度翻了 5 倍（图 2-70 ）。

北京饭店

（图片来源：视觉中国）

图 2-69　北京市和广州市代表性建筑（改革开放前）（一）

广州宾馆
（图片来源：黄宁 摄）　　　　　　　广州白云宾馆
（图片来源：黄宁 摄）

图 2-69　北京市和广州市代表性建筑（改革开放前）（二）

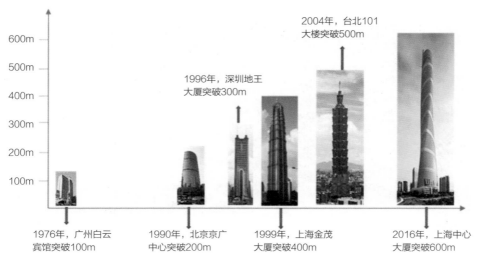

图 2-70　中国摩天大厦高度里程碑

（图片来源：黄宁 制）

世界高层建筑与都市人居协会（CTBUH）的统计资料显示出中国在高层建筑建造领域中的领先地位。例如，年度高层建筑建设数量连续23年位居世界之首，根据已经建成和在建项目统计的2020年全球最高的20栋摩天大厦中，中国（含港澳台地区）共13栋，已经当之无愧地成为世界摩天大厦第一大国。

正是经历了几代中国建设大军的不断探索和勇于实践，才使得中国的摩天大厦可以建得更高更快、更美丽更结实。也正是经历了无数次的研究和试验，中国在摩天大厦领域才能够创出多项世界纪录：北京中信大厦和天津周大福金融中心是抗震设防烈度8度地区内世界上最高的大楼，上海中心大厦和深圳平安国际金融中心将摩天大厦冲向了600m的新高度，上海环球金融中心和天津117大厦采用了世界上最为先进的抗震减震技术。

以上这些成就离不开绿色建造技术的支持。当前，针对高层建筑绿色建造全过程，初步开发出了对应的技术体系和关键技术，在设计方案优化、参数化模拟、抗震防灾、深基坑和大跨度施工、设备材料（如电梯、幕墙等）技术、节能节水等方面都取得了巨大进步。

## （二）与时俱进：让摩天大厦建得更快

### 1. 设计更快——BIM模型应用

在建筑制图的发展过程中，有过明显的三个阶段：图板尺规画图阶段、电脑CAD二维制图阶段、BIM模型三维模拟设计阶段。第二代的CAD制图比第一代尺规画图在效率上提高了近10倍，而第三代的BIM三维设计在精确度上又比CAD制图提高了不少。

通过BIM模型可使建筑设计、施工和运维变得更加形象化，它对建筑的优化分析可贯穿于全寿命期。北京中信大厦是成功应用 BIM 技术进行设计和施工的典型案例。该建筑总高 528m，建成于 2017 年。在设计之初就采用了 BIM 技术，通过各专业人员在同一 BIM 平台上的协同工作，设计阶段和施工阶段累计发现 12 500 余个问题，大大减少了可能发生的拆改和返工。据初步统计对比，现场变更数量较同类超高层降低 70%～80%。利用 BIM 平台优势，通过多家参与方的协同优化设计，为业主带来 7200m$^2$ 以上使用空间的增效，创造价值上亿元。最终，该建筑获得了中国绿色建筑设计标识的最高等级三星级的认证（图 2-71）。

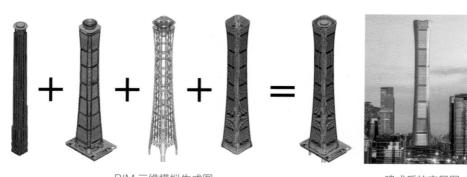

BIM 三维模拟生成图　　　　　　　建成后的实景图
（图片来源：中建三局）　　　　　　（图片来源：视觉中国）

图 2-71　BIM 技术在北京中信大厦项目上的应用

### 2. 施工更快——大国重器"空中造楼机"

2018 年 2 月底，央视二套播出的《大国重器》系列节目中，专门介绍了由中国建筑集团自主研发的国际首创的第四代顶模施工平台——"空中造楼机"。

摩天大厦的施工，混凝土核心筒结构快速施工和垂直运输一直是两大难题，从 20 世纪 70 年代的落地塔式起重机施工技术，到 80 年代的附墙塔式起重机滑模施工技术，再到 21 世纪以来的回转平台顶模施工技术（造楼机前身），摩天大厦施工技术的进步，使得原来需要100天完成的工作现在不到10天即可完成，以前10个工人的活现在仅需一个人就够了。特别是近10年来，中国建筑集团首创的"空中造楼机"，发明了利用核心筒外围墙体支撑的巨型空间框架平台结构和新型自适应支撑系统，创造性地提出并实现了超高层建造大型塔式起重机等设备直接安装作用于施工平台，为施工安装等提供服务，相当于在300m以上的高空营造了一个功能齐全、绿色安全的"移动建造工厂"，对我国乃至世界超高层建造技术进步具有里程碑式的意义。这项技术的应用，不仅大量节约了人力物力，显著提高了施工质量，同时也使得摩天大厦建得更高更安全，似乎可以和天公一比高下。

目前，"空中造楼机"技术已经被应用于国内多个400m以上的超高层建筑施工中，如北京中信大厦、广州国际金融中心（广州西塔）等项目。

> **小知识**
>
> 空中造楼机：是我国自主研发的用于超高层建筑施工的设备平台及配套建造技术。空中造楼机及建造技术是以机械作业、智能控制方式，实现高层建筑现浇钢筋混凝土的工业化智能建造。该设备平台模拟一座移动式造楼工厂，将工厂搬到施工现场，采用机械操作、智能控制手段与现有商品混凝土供应链、混凝土高空泵送技术相配合，逐层进行地面以上结构主体和保温饰面一体化板材同步施工的现浇建造技术，用机器代替人工，实现高层及超高层钢筋混凝土的整体现浇施工建造。

空中造楼机

### 3. 运营更快——与时间赛跑的高速电梯

摩天大厦，因其楼层多和使用者众，对于电梯的要求不同于普通多层建筑，必须选择满足其运载流量和效率要求的高速电梯和超高速电梯。过去这类电梯的速度一般在 2 ~ 4m/s，但近几年，中国高速电梯的速度不断刷新世界纪录。2016 年，上海中心大厦的电梯投入使用，以 20.5m/s 的速度打破了由台北 101 大楼保持的 18m/s 的世界纪录。也就是说从一楼大厅到 119 层，乘坐电梯仅需 55s，垂直方向的时速达到了惊人的 73.8km/h。同时，该部电梯也是世界上最长的电梯，上升距离达到了 578.5m。正因为上海中心大厦电梯保持着世界上独一无二的纪录，每天慕名来参观并体验乘坐的游客络绎不绝（图 2-72）。

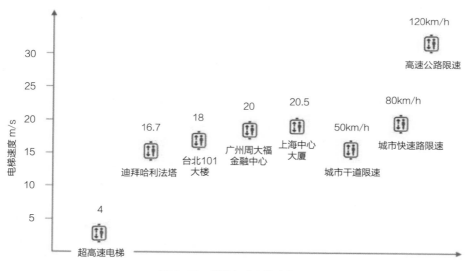

图 2-72  世界部分最快电梯示意

（图片来源：黄宁 制）

而中国第二高楼深圳平安国际金融中心，同样有一部非常快的观光电梯，当你进入登顶时，内部墙面显示屏会告诉你当时的速度和所在楼层，以及建筑外部的立面情况。

## （三）磐石之固：让摩天大厦建得更稳

### 1. 深基坑工程，奠定大厦第一块基石

深基坑工程又被称为"深开挖工程"，是摩天大厦建设最基础的部分。因摩天大厦往往位于城市建筑密度最高的中心区域，周边建筑密布且地下情况复杂，基坑开挖和进一步的桩基础施工，不仅存在着深度的问题，还要充分考虑施工的复杂性。改革开放前，我国的高层建筑不多，基坑深度一般在5m以内（国际上把7m以上的基坑称为深基坑），大部分采用的是最简单的无支护放坡或少量支护开挖。20余年来我国深基坑工程数量之集中，监测资料之丰富，施工技术之成熟，可谓世界领先。

上海环球金融中心建筑主楼位于基坑中央，开挖深度18.35m，电梯井深坑开挖深度25.89m，围护结构采用直径为100m的正圆形地下墙，墙厚1m，墙深34～36m，地下墙顶采用钢筋混凝土圈梁，地下墙内侧设3道钢筋混凝土环形围墙，不设支撑。地下墙厚度与直径之比为1：100，突破了国内外同类工程最大值1：80，是当时国内直径最大的无支撑圆形深基坑工程。

表2-3显示出我国在基础施工领域的巨大进步：上海环球金融中心的高度和体量是北京饭店新楼的6倍，但基础开挖部分的工作量相差并不多，前者通过2000根钢管桩和199根桩柱的施工，确保了近500m大楼的稳定性。

### 2. 抗震利器，犹如定海神针保稳定

摩天大厦，因为高度之巨，对于抗震减震要求尤为严格。目前，解决摩天大厦抗震减震的主要技术分两类：调谐质量风阻尼器和消能—承载双功能抗震系统。

表 2-3　不同时期高层建筑基坑和基础形式比较

| 建筑名称 | 北京饭店新楼 | 上海环球金融中心 |
|---|---|---|
| 建成时间 | 1974 年 | 2008 年 |
| 地上高度 | 80.40m | 492m |
| 开挖深度 | 13.75m | 18.35m（局部 25.89m） |
| 基础深度 | 13.75m | 80m（桩基础最低点） |
| 基坑形式 | 全开挖大放坡简单支护 | 无支撑圆形深基坑 |
| 基础形式 | 现浇混凝土箱形基础 | 深桩筏形基础 |

　　风阻尼器在具体设置时也各有特点，配重有采用金属式的，也有采用水箱式的；外观有纯粹考虑实用功能的，也有设计成艺术装置的。上海环球金融中心的风阻尼器是两个重达 150t、长宽各有 9m 的蓝色钢制"大家伙"。上海中心大厦首创了世界上第一个引入电磁原理的阻尼器——"慧眼"，其造型让人耳目一新，阻尼器上部艺术装置高达 30m，整个阻尼器是一个重达 1000t 的"超级巨无霸"。广州新电视塔则在 109 层和 110 层，开创性地以消防水箱作为阻尼器。

小知识

　　超高层建筑风阻尼器：是目前建筑界公认的"定楼神球"，当超高层建筑在强风中晃向某一方向时，风阻尼器会在电脑和电机的控制下朝反方向运行，从而减缓大楼的摆幅，发挥出相当于天平砝码的作用。

　　消能－承载双功能抗震系统方面，最具代表的是中国建筑集团历时 25 年发明的消能－承载双功能构件及其高性能减震结构，率先实现规模化工程应用，使我国金属消能减震产品占建筑减震市场的比例从 2008 年的 7.5%

增长到 2015 年的 75.15%，使我国一跃成为金属消能减震结构应用最多、技术领先的国家（图 2-73）。

图 2-73　施工中的天津 117 大厦采用了消能 - 承载双功能抗震系统

（图片来源：视觉中国）

## （四）巧夺天空：让摩天大厦建得更美

### 1. 幕墙技术，为天空增加一抹净蓝

摩天大厦，因为其美观、安全耐久和自重等需要，外立面多数采用了全玻璃幕墙设计。因为幕墙兼具结构围护和立面装饰的双重功能，所以现代摩天大厦对于幕墙的技术要求非常严格。除了美观性，还要考虑玻璃是否隔热和透光，会不会漏风，对强光的反射会不会影响周边路人和其他建筑等。

1984 年建成的北京长城饭店，可以说是国内第一个真正具有代表性的玻璃幕墙工程。这座单元式中空玻璃明框幕墙的板块是在比利时制作的。通过这个项目中国第一次接触到了幕墙的设计施工技术，老百姓也第一次近距离地有了以往多出现在国外电影镜头中的摩天大厦的感觉。

经历 20 年的发展，幕墙技术在国内已经十分成熟，成为摩天大厦最常采用的立面设计手法。建成于 2008 年的上海环球金融中心，是国内单元式玻璃幕墙应用的一个成功案例，建筑高 492m、101 层，外立面全部采用了国产化的单元式节能型玻璃幕墙，玻璃采用中空夹胶镀 Low-E 膜的节能玻璃（图 2-74）。幕墙表面安装有水平铝合金分隔条，满足独立防雷及装饰需要。单元式玻璃幕墙外表面积总计约 120 000m²，折合 100 000 块单元板，幕墙安装周期耗时超过两年时间。

跨越 24 年，我们从有第一个真正意义上的幕墙建筑到把幕墙建到了近 500m 的高空

1984 年，北京长城饭店幕墙
（图片来源：黄宁 摄）

2008 年，上海环球
金融中心幕墙
（图片来源：视觉中国）

图 2-74　中国高层建筑幕墙发展

### 2. 空中花园，芬芳飘向更高处

将花园移到空中，并与建筑有机结合、浑然一体，近年来又成为摩天大厦绿色设计的发展趋势。空中花园的设计，不仅可以通过绿植实现建筑内部的空气净化，成为天然氧吧，同时，还利用植物遮阴从而减少热岛效应。另外，也改善了建筑内部使用者的视野，使其心情舒畅，提高工作效率等。空

中花园设计手法对建筑带来的最大变化是：将自然景观引入室内，打造天然微气候区；将地面植被引入高层建筑，创造垂直绿化空间。

　　位于北京市北四环主干道的银谷大厦有六个大型空中主题花园，每个挑高 10.5m，面积达 200 多平方米，纵跨 18 层楼高（图 2-75）。六大绿色共享空间，突破了写字楼人际交往的壁垒，既为办公人士和到访者提供了自由交流和休闲的空间，也为严谨沉谧的商务空间注入了内敛宁静的理性之美。花草绿植流水清音的生态有氧办公，激发无限工作灵感，成就顶尖智慧商务。

图 2-75　北京银谷大厦空中花园内景（图片来源：黄宁摄）

　　上海中心大厦目前保持着两项摩天大楼内空中花园的世界纪录：最多——全楼建有 21 座空中花园；最高——位于大厦 101 层（470m 高度）。这些"花园"就设在"双层幕墙"的中间区域，成为一个巨大的客厅，同时布置有中西风格的建筑小品及大面积绿化，成为独特的室内景观。人们在这里不仅可以驻足聊天，还能眺望陆家嘴及外滩沿岸的景色（图 2-76）。

图2-76　上海中心大厦空中花园内景（图片来源：上海建工集团）

## （五）凌空高塔：云中一道亮丽的风景

　　广播电视塔虽然不属于常规意义上的建筑物（属于构筑物），但因高度往往在250m以上，建筑结构形式和施工工艺与摩天大厦非常接近。而且，现代的广播电视塔经常不局限于发射信号，同时还兼具观光旅游和餐饮会议等附加功能。

　　我国第一座能被称作高塔的广播电视塔是1986年建成的武汉电视塔，

高度达到 221m。之后随着广播电视事业的发展，不少大中城市相继建设了地标性的电视塔，高度不断被刷新。世界高塔协会新公布的全球最高广播电视塔名单中，前 10 名中的 5 个位于我国大陆地区（表 2-4）。

表 2-4　中国大陆地区高度排名世界前 10 名的电视塔

| 名称 | 高度世界排名 | 高度 /m | 建成年份 |
|---|---|---|---|
| 广州塔（"小蛮腰"） | 2 | 600 | 2009 |
| 上海东方明珠广播电视塔（"东方明珠"） | 5 | 468 | 1995 |
| 天津广播电视塔 | 7 | 415 | 1991 |
| 中国中央广播电视塔 | 8 | 405 | 1994 |
| 河南广播电视塔（"中原福塔"） | 9 | 388 | 2009 |

1995 年投入使用的上海东方明珠广播电视塔，曾经是上海市最重要的地标物，国家首批 AAAAA 级景区，成为游客到上海市旅游的必经之地。塔内有太空舱、旋转餐厅、上海城市历史发展陈列馆等景观和设施，每天参观人员络绎不绝。上海东方明珠广播电视塔的最大特点在于其有三个位于不同标高的球体，其中中心标高位于 93m 处的下球体直径达到了 50m，主要功能是室内游乐场；位于中部的被称为上球体，直径大概为 45m，中心标高273m，是上海东方明珠广播电视塔的主观光层，旋转餐厅也在该部分；最顶部的球体又被称作"太空舱"，直径 16m，以未来主义的风格展现了太空场景的科幻魅力，是电视塔最高的观光层。在其垂直方向，还设计了 5 个不同高度的高空旅馆，满足特殊体验的需要（图 2-77）。

而对于广州塔，读者可能更熟悉它的昵称"小蛮腰"，它是广州市的新地标工程。广州塔可抵御 8 级地震、12 级台风，设计使用年限超过 100 年。广州塔有 5 个功能区和多种游乐设施、科普展厅，塔身 168 ~ 334.4m 处设有"蜘蛛侠栈道"，是世界最高最长的空中漫步云梯。塔身 422.8m 处设有旋转餐厅，是世界最高的旋转餐厅。塔身顶部 450～454m 处设有摩天轮，是世界最高摩天轮。天线桅杆 455～485m 处设有"极速云霄"速降30m 游乐项目，是世界最高的垂直速降游乐项目。广州塔的结构形式也很有特点，由钢筋混凝土内核心筒及钢结构外框筒以及连接两者之间的组合楼层组成，核心筒高度 454m，共 88 层，钢结构网格外框筒由 24 根钢管混凝土斜柱和 46 组环梁、钢管斜撑组成，最高处标高 462.7m。由钢结构和箱形截面组成的天线桅杆高 146m，最高标高达 600m，是国内最高，也是目前世界已建成的最高塔桅建筑（图 2-78）。

图 2-77　上海东方明珠广播电视塔
（图片来源：视觉中国）

图 2-78　广州塔
（图片来源：视觉中国）

中国的高塔不仅外形美观，还经受起了世界最强地震的"洗礼"。高339m 的锦绣天府塔（即四川省广播电视塔）位于成都，在 2008 年汶川大地震中，接近完工状态的电视塔成了成都应急信号发射的枢纽，无数条关于抢险救灾的信息和指令都从塔顶的天线发出，保证了救援生命线的畅通，挽救了不少受伤的群众。今天的锦绣天府塔被装扮得更加引人注目，点缀着成都市美丽的天空（图2-79）。

> **小知识**
>
> ### 叶可明院士：创造高塔纪录的耕耘者
>
> 　　叶可明先生是我国著名的建筑工程与土木工程施工技术专家，中国工程院院士，曾任上海建工（集团）总公司总工程师。叶院士长期研究施工技术，形成了针对"高、大、深、重、新"不同对象，因时、因地、因人制宜的施工技术体系。20世纪90年代，上海东方明珠广播电视塔的建造，凝聚了叶可明院士等人的智慧和汗水，正是他牵头完成了3根直径7m、与地面呈60°夹角的斜筒体方案，这种独特的斜撑结构造型在中外建筑史上留下了令人惊叹的一笔。同一时期，他还先后指挥完成了上海南浦大桥、杨浦大桥等高难度建设项目。

图2-79　夕阳下的锦绣天府塔与成都天空
（图片来源：视觉中国）

## （六）风景如画：未来城市的天际线

改革开放40多年，我国在摩天大厦的建设上取得了令世界瞩目的成就。未来20年，我们继续走在实现中华民族伟大复兴的康庄大道上，我们要进一步推进城镇化建设，我们要达到中等发达国家现代化水平，这都离不开城市中一座座拔地而起的高楼。这些新的摩天大厦，不仅能够拉动国家的经济增长，改善百姓的居住条件，还将构成一个城市未来的天际线。

中国四个"超一线"城市"北上广深"最具代表性的摩天大厦群，分别是北京市的中信大厦、北京国贸大厦二期和三期工程；上海市的环球金融中心、金茂大厦、上海中心大厦和东方明珠广播电视塔；广州市的周大福金融中心（广州东塔）、国际金融中心（广州西塔）和广州塔（"小蛮腰"）；深圳市的华润总部大厦、平安金融国际中心、前海深圳湾1号（图2-80）。

北京

上海

广州

深圳

图2-80 国内四个主要城市的天际线
（图片来源：视觉中国）

随着国家的富强和在科技创新领域的投入，我们有理由相信：明天可以通过更加智能的技术、更加绿色的工艺、更加环保的材料、更加精益的管理，将摩天大厦建造得更高更美，成为一个城市中最难忘的部分。

## 六、体育场馆 见证奇迹

### （一）激情洋溢：回顾中国体育场馆

体育场馆建筑作为一个国家、一个城市精神及文化的象征，往往要求功能上能集赛事、文化、教育、娱乐于一体，形式上能准确反映出这个国家或城市的特性和建造技术成就。育与乐、力与美，通过建筑展现出一个区域文化与艺术的内涵、创新的观念、宏观的视野。

新中国成立之前，国内几乎没有像样的体育场馆。新中国成立后，政府重视全民健身和体育交流，先后建设了北京工人体育场（图2-81，第一届全运会举办地）、广州天河体育中心（图2-82）等一批具有时代特色的体育建筑。在向市场经济转型过程中的多元化发展阶段，建设了中国男足成功进军世界杯的沈阳五里河体育场（图2-83，2007年被拆除重建，现为沈阳奥体中心）、北京亚运会会场等一批具有非凡艺术气息的体育建筑。

党的十八大以后，我国各地已掀起了兴建体育场馆的热潮，各大院校和各大、中型城市的体育场馆相继落成。可以预测，在将来相当长的一段时间内，体育场馆建设将是我国基础设施建设的重点之一。

图 2-81　北京工人体育场

（图片来源：视觉中国）

图 2-82　广州天河体育中心

（图片来源：视觉中国）

图 2-83　沈阳奥体中心

（图片来源：视觉中国）

## （二）激流勇进：奔向全民健身新浪潮

随着中国的不断崛起，人们对体育的需求也日益增长。为了满足 21 世纪人民群众对美好生活的追求，我国进一步加大对三馆一中心、中小学运动场建设、居民小区健身场所、公园等公共场所健身场地的建设。

如今，体育已上升到国家战略高度，增加满足高水平比赛训练的中型体育场馆和满足大众健身的小型场馆已迫在眉睫。未来，为助力全民健身，我国将建设包括各类羽毛球馆、篮球馆、游泳馆等设施的体育场馆。

## （三）继往开来：迎接发展新时代

2008 年奥运会的成功举办和获得 2022 年冬奥会举办权，掀起了全民健身和体育竞技新高潮，同时带动我国体育场馆建设进入新时代。

被称作"第四代体育馆"的国家体育场（"鸟巢"）是 2008 年北京奥运会的标志性建筑，奥运会期间，承担了开幕式、闭幕式、田径比赛、男子足球决赛等赛事活动。该工程总投资 4.5 亿美元，也是迄今为止世界上最具现代化和人性化的体育场馆（图 2-84）。

图 2-84　国家体育场（"鸟巢"）外观和内景
（图片来源：视觉中国）

"鸟巢"因其主体由一系列辐射式的钢结构旋转而成，外形酷似鸟巢而得名。"鸟巢"顶部的网架结构外表面贴上了一层乳白色半透明聚四氟乙烯的充气塑膜，使用这种膜后，阳光不是直射，而是通过漫反射进入体育场内，使光线更柔和，形成的漫射光还可解决场内草坪的维护问题，同时也起到为场内座位遮风挡雨的功能（图2-85）。

图2-85 国家体育场（"鸟巢"）结构形式
（图片来源：视觉中国）

"鸟巢"在建设中采用了先进的节能设计和环保措施，比如良好的自然通风和自然采光、雨水的全面回收、可再生地热能源的利用、太阳能光伏发电技术的应用等。在"鸟巢"中足球场地的下面是312口地源热泵系统井。它通过地埋换热管，冬季吸收土壤中蕴含的热量为"鸟巢"供热；夏季吸收土壤中存贮的冷量向"鸟巢"供冷，能节省不少电力资源（图2-86）。

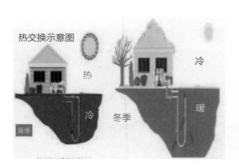
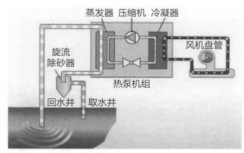

图2-86 国家体育场（"鸟巢"）节能技术
（图片来源：中建三局）

在"鸟巢"的顶部装有专门的雨水回收系统，被收集起来的雨水最终变成可以用来绿化、冲厕、消防甚至是冲洗跑道的回收水。诸多先进的绿色环保举措使国家体育场成了名副其实的大型"绿色建筑"。

除了大型赛事场馆，各地兴建的二类赛事场馆（如承接城运会、农运会、少数民族运动会等）和三类百姓健身场馆等如雨后春笋般落成。

**小知识**

### 北京城建集团工程总承包部："鸟巢"上刻下了他们的名字

图纸变现实，钢铁变"鸟巢"。经过几万名建设者4年多的艰苦努力，北京奥运会地标性建筑"鸟巢"呈现在世人面前。"鸟巢"由北京城建集团工程总承包部负责施工，这是国家和人民的重托。总承包部精心组织、精心施工，贯彻"科技奥运、人文奥运、绿色奥运"的三大理念，靠着为国家争光的爱国主义精神、艰苦奋斗的创业精神、精益求精的敬业精神、勇攀高峰的创新精神和团结协作的团队精神等"五种精神"，创造"鸟巢速度"，圆满完成了国家体育场工程施工任务。最后，这些建设者的名字被永久地刻在了国家体育场落成纪念柱的背面（图2-87）。

图2-87　"鸟巢"建设者们在吊装构件

## （四）横跨苍穹：奔赴梦想新起点

上海体育场，又称"上海八万人体育场"，是 1997 年中国第八届全国运动会的主会场，同时也是 2008 年奥运会的足球比赛场地、中超球队上海上港足球俱乐部的主场。上海体育场是我国规模较大、设施较为先进的大型室外体育场和上海的标志性建筑之一（图 2-88）。1998 年，上海体育场被评为"上海市最佳体育建筑"；1999 年，又被评为"新中国 50 周年上海十大金奖经典建筑"之一。

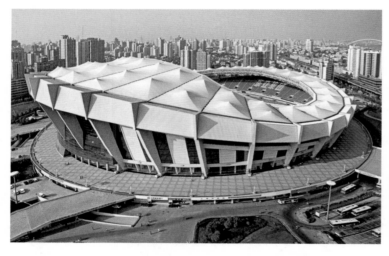

图 2-88 上海体育场
（图片来源：视觉中国）

上海体育场这座跨世纪的大型建筑，设计上采用了外环圆形、内环椭圆形、呈波浪式马鞍形的整体结构，尽可能为观众提供最佳的观赏视角。主席台正上方的一根最长单臂悬挑梁长 73.5m，为世界建筑史之最。特别是体育场内第一块种植于黄沙之上的沙土草皮，完全达到了国际标准。从美国引进的"高羊毛"和"早熟禾"两种草皮，在地下安装了排水系统，足球场上长期保证一片绿茵（图 2-89）。

上海体育场雄踞上海大都市的西南隅，无疑是城市标志性的新景观。

它的鲜明特点是大跨度、大空间，其外形既充分展示了体育运动的力度和气势，又体现了简洁流畅的整体风格，是建筑技术和建筑艺术的完美结合。

图 2-89　上海体育场内景
（图片来源：视觉中国）

## （五）网格结构：犹如钻石般璀璨

深圳大运中心主体育场的特点在于其外观材料使用了清水混凝土，且专门设计为钻石的造型，远远望去，场馆在阳光下发出钻石般的光芒，孕育无限生机（图 2-90）。

深圳大运中心主体育场以其独特的结构被称作"水晶石"。建筑面积 13.6 万 $m^2$，用钢量 1.8 万 t，结构最长悬挑长度 70m，拥有 6 万个观众席位。钢结构平面形状为 270m×285m 的椭圆形，由 20 个相近似的单元组成，钢屋盖最高点 51.3m，悬挑长度 51.8 ~ 68.4m。主体育场钢结构大量采用铸钢件（140 件，约 4100t）及大直径超厚壁热成型钢管（约 4800t），为国内大型公建首次使用（图 2-91）。

图 2-90　深圳大运中心主体育场
（图片来源：视觉中国）

图 2-91　深圳大运中心主体育场施工中
（图片来源：中建三局）

深圳大运中心主体育场采用内设张拉膜的钢屋盖体系，钢屋盖为"马鞍形单层折面空间网格结构"（图 2-92），该结构造型独特新颖，在国内外均为首创，施工难度不亚于北京奥运会主体育场"鸟巢"。

深圳大运中心主体育场主设计者、世界顶级建筑设计大师冯·格康教授，曾在探访深圳大运中心后发出啧啧赞叹："深圳大运中心，创造了全世界独一无二的结构，创造了令人难以置信的建设

图 2-92　深圳大运中心主体育场钢结构框架
（图片来源：中建三局）

速度和质量，将成为世界体育场馆建设历史上的一座重要里程碑。"

## （六）复合场馆：留下彩虹的印迹

　　南京奥林匹克体育中心位于南京市建邺区河西新城，是亚洲 A 级体育馆、世界第五代体育建筑的代表，是 2005 年全国十运会、2013 年南京亚青会和 2014 年南京青奥会的主会场，以及江苏苏宁足球俱乐部的主场（图 2-93）。

图 2-93　南京奥林匹克体育中心
（图片来源：视觉中国）

体育场的设计灵感来自对天上彩虹的赞美，来自对升腾于空中的美丽花冠般盛大庆典的祝福，设计理念的主题是"体育与庆典"。奥体中心主体育馆屋面为流畅的马鞍形，体育场建筑面积约 13.6 万 m²，观众席位 62 000座，体育场通过双曲面顶部构造，超越所有看台，确保观众席的视觉效果。体育场的田径、足球热身场按最高标准建设，看台带有 3000 个观众席，有8 道的 400m 跑道，并有地下通道与主赛场连接。场地上覆盖的是全沙结构进口草种种植的草坪，浇灌排水系统保障草皮的生长，雨天可保证足球比赛不中断（图 2-94）。

图 2-94 南京奥林匹克体育中心内景（图片来源：视觉中国）

## （七）天然结构：完美呈现自然形态

2008 年北京奥运会主场馆之一的"水立方"，官方正式名称是国家游泳中心，因设计方案"水的立方"（$[H_2O]^3$）而得名。"水立方"的建筑结构是根据细胞排列形式和肥皂泡天然结构设计而成，这种形态在建筑结构中从来没有出现过（图 2-95）。

图 2-95　"水立方"的膜结构

（图片来源：中建三局）

　　"水立方"看似为简单的"方盒子"设计，实际是由中国传统文化和现代科技共同"搭建"而成的。中国人认为，没有规矩不成方圆，按照制定出来的规矩做事，就可以获得整体的和谐统一。在中国传统文化中，"天圆地方"的设计思想催生了"水立方"，它与圆形的"鸟巢"——国家体育场相互呼应，相得益彰。方形是中国古代城市建筑最基本的形态，它体现的是中国文化中以纲常伦理为代表的社会生活规则。而这个"方盒子"又能够体现国家游泳中心的多功能要求，从而实现了传统文化与建筑功能的完美结合。

　　"水立方"是世界上规模最大的膜结构工程，也是唯一一个完全由膜结构进行全封闭的大型公共建筑。可以说，"水立方"幕墙工程是目前世界上技术难度最大、最复杂的膜结构工程项目（图 2-96）。除了地面之外，外表都采用了膜结构——ETFE 材料，蓝色的表面出乎意料的柔软但又很充实。（图 2-97）。

　　现如今，"水立方"又迎来新的使命。北京 2022 年冬奥会期间，"水立方"将转换成"冰立方"作为冰壶项目的比赛场馆，可容纳观众约 4600人。根据改造方案，"水立方"将成为国际首个泳池上架设冰壶赛道的场馆（图 2-98）。

图 2-96 "水立方"
及"鸟巢"鸟瞰图
（图片来源：中建
三局）

图 2-97 "水立方"ETFE 膜施工中

（图片来源：中建三局）

图 2-98 "水立方"改造为冬奥会冰壶项目比赛场馆

（图片来源：北京市建筑设计研究院有限公司）

小知识

ETFE 是乙烯 - 四氟乙烯共聚物，是一种化学物质，ETFE 是最强韧的氟塑料，它在保持了 PTFE 良好的耐热、耐化学性能和电绝缘性能的同时，耐辐射和机械性能有很大程度的改善，拉伸强度可达到 50MPa，接近聚四氟乙烯的 2 倍。长期使用温度 -80 ~ 220℃，有卓越的耐化学腐蚀性，对所有化学品都耐腐蚀，摩擦系数在塑料中最低，还有很好的电性能，其电绝缘性不受温度影响，有"塑料王"之称。

## （八）三位一体：创造场馆新时代

杭州奥体中心全称是"杭州市奥林匹克体育中心"，位于杭州钱塘江南岸、钱江三桥以东——滨江新城和萧山区钱江世纪城区块。杭州奥体中心包括一个 8 万人主体育场、一座 1.8 万人主体育馆，还有游泳馆、网球中心、棒垒球中心、曲棍球场、小球中心、室内田径中心和重竞技中心等，可举办世界性、洲际性、全国性综合运动会及国际田径、足球比赛，拥有观众固定座席 8 万多个，是全国最大的体育中心之一（图 2-99）。

图 2-99 杭州奥体中心

（图片来源：视觉中国）

杭州奥体中心体育馆和游泳馆能满足所有规格的国际国内赛事（图 2-100、图 2-101）。体育游泳馆规划建筑面积 39.7 万 m²（其中地下建筑面积 19.74 万 m²），观众席容量分别设计为 18 000 座（其中活动座位 2000 座）和 6000 座（其中下层 2500 座在赛后可以拆除）。

图 2-100　杭州奥体中心主场馆莲花造型
（图片来源：视觉中国）

图 2-101　杭州奥体中心游泳馆
（图片来源：视觉中国）

杭州奥体中心综合训练馆（小球中心）内有体育训练、医疗、科研和配套的后勤服务与新闻会议中心。在满足运动员训练和承担部分体育赛事的前提下，面向大众开放（图 2-102）。

图2-102 杭州奥体中心综合训练馆（小球中心）

　　全民健身场地设施是未来发展的重点，作为承载体育产业发展的基础，体育场馆的建设、完善和发展对整个产业的支持和推动作用则显得极为重要。全民健身场地将更多地利用城市闲置空间和碎片化空间，中小型化、多功能化成为必然。具有灵活多样、方便快捷、低成本的新型健身场馆，如可拆卸移动装配式场馆、气膜场馆、拼装式游泳池、笼式足球场等将被更多的运营商所青睐。

　　未来的体育场馆，在用途上，愈加多样化；在科技上，愈加智能化；在设计上，愈加人性化。未来，中国体育场馆建设必将更加充满活力与希望！

# 七、会展中心　助推经济

　　会展活动的产生与发展始终伴随并不断促进人类社会经济的持续进步，在全球范围内已经形成全方位、多元化和高增长的发展格局。我国会展业虽然起步较晚，但进入20世纪90年代后走上了发展的快车道，并以强劲的发展势头和巨大的发展潜力令世界瞩目。当前，我国的会展业和会展经济逐渐成熟、壮大，在世界经济中占据十分重要的地位，并保持着持续高速发展的趋势。来自中国会展经济研究会的数据表明，中国境内纳入统计的展览城市由最初的 83 个增至 187 个，年展览总数由 7330 场增至 11 033 场，年展览总面积从 8173 万 $m^2$ 增至 14 877.38 万 $m^2$。据统计，截至 2019 年底，全国投入运营的展览场馆 292 座，室内可供展览总面积为 1197 万 $m^2$；正在建设的展馆 24 座，在建展览场馆室内可提供展览总面积预计达 261 万 $m^2$；已立项待建的展馆 16 座，待建展览场馆室内可提供展览总面积预计达 170 万 $m^2$（表 2-5、表 2-6）。

表 2-5　城市展览场馆数量比较（2019 年统计数据）

| 展馆的数量 / 座 | 城市名称 |
|---|---|
| 9 | 上海 |
| 8 | 北京 |
| 7 | 杭州 临沂 |
| 6 | 苏州 佛山 |
| 5 | 广州 昆明 长春 潍坊 中山 石家庄 |
| 4 | 武汉 南京 长沙 天津 |
| 3 | 重庆 成都 青岛 西安 南昌 郑州 济南 太原 拉萨 东营 大连 无锡<br>廊坊 威海 滨州 漳州 泰安 信阳 洛阳 许昌 |
| 2 | 沈阳 贵阳 呼和浩特 泰州 东莞 邢台 烟台 连云港 商丘 唐山 常州<br>安阳 济宁 盐城 本溪 莱芜 濮阳 珠海 延吉 聊城 枣庄 深圳 |
| 1 | 温州 义乌 淄博 石狮 厦门 乌鲁木齐 南宁 合肥 云浮 福州 泸州 曲阜<br>永康 哈尔滨 锦州 郴州 宁波 池州 昆山 莆田 乐山 西宁 芜湖 平顶山<br>新乡 绥芬河 海口 合肥 桐乡 兰州 绵阳 余姚 民权县 汕头 银川 桂林<br>宁德 襄阳 鹤壁 嘉兴 台州 宿迁 张掖 牡丹江 常熟 德清 广元 邯郸<br>宜宾 驻马店 铁岭 绍兴 江门 满洲里 大同 沧州 赤峰 阜新 南通 张家口<br>慈溪 鄂尔多斯 伊春 阜阳 漯河 马鞍山 平潭 日照 扬州 淮安 三门峡<br>湛江 昌邑 徐州 惠州 柳州 海宁 温岭 齐齐哈尔 赣州 镇江 衡水 临夏<br>蚌埠 盘锦 玉树 运城 德州 南阳 秦皇岛 |

表 2-6　全国已建成室内展览场馆展览面积排序（2019 年统计数据）

| 序号 | 展馆名称 | 城市 | 展览面积 / 万 m$^2$ |
|:---:|:---|:---:|:---:|
| 1 | 深圳国际会展中心 | 深圳市 | 50.00 |
| 2 | 上海国家会展中心 | 上海市 | 40.00 |
| 3 | 中国进出口商品交易会展馆 | 广州市 | 33.80 |
| 4 | 昆明滇池国际会展中心 | 昆明市 | 30.00 |
| 5 | 重庆国际博览中心 | 重庆市 | 23.00 |
| 6 | 上海新国际博览中心 | 上海市 | 20.00 |
| 7 | 中国西部国际博览城国际展览中心 | 成都市 | 20.00 |
| 8 | 温州国际会议展览中心 | 温州市 | 19.40 |
| 9 | 上海世贸商城展览馆 | 上海市 | 19.00 |
| 10 | 武汉国际博览中心 | 武汉市 | 15.00 |
| 11 | 南昌绿地国际博览中心 | 南昌市 | 14.00 |
| 12 | 义乌国际博览中心 | 义乌市 | 12.64 |
| 13 | 淄博国际会展中心 | 淄博市 | 12.30 |
| 14 | 广东（潭洲）国际会展中心 | 佛山市 | 12.00 |
| 15 | 青岛新南国际博览中心 | 青岛市 | 12.00 |
| 16 | 青岛世界博览城 | 青岛市 | 12.00 |
| 17 | 南京国际博览中心 | 南京市 | 11.00 |
| 18 | 成都世纪城新国际会展中心 | 成都市 | 11.00 |
| 19 | 沈阳国际展览中心 | 沈阳市 | 10.56 |
| 20 | 深圳会展中心 | 深圳市 | 10.50 |
| 21 | 中国国际展览中心新馆 | 北京市 | 10.00 |
| 22 | 厦门国际会议展览中心 | 厦门市 | 10.00 |
| 23 | 中国厨都国际会展中心 | 滨州市 | 10.00 |

　　2020 年由于新冠疫情影响，全国各地的展览数量出现了阶段性大规模下滑。疫情期间，许多原本计划在线下开展的展览被转移到线上，许多展览

场馆也纷纷尝试线上展览新形式。同时,会展行业从早期单一的 B2B 形式,开始越来越多向 B2C,甚至于向 C2C 演进。越来越多符合年轻人喜好的个性化展览也在蓬勃兴起之中。会展行业和展览场馆在随时应变、随势应变的过程中,将发掘出更多城市发展的新机遇。

# (一)发展历程:建设成就的缩影

## 1. 会展建筑的起步阶段(1949—1978 年)

1949 年以后,中国会展业开始起步,当时的会展活动数量少、规模小,组织水平和专业化程度还处于初级阶段。同时,由于受计划经济体制的影响,当时的会展业带有浓厚的行政色彩,整个会展业呈现出举办主体单一、各类会展活动都以政治目的为主的特征。

这一时期,我国的会展建筑基本只是展览性质的建筑,用于教育、宣传,很少举办商贸性质的展览。此时的展览建筑规模较小,功能转换适应性较差,配套功能不足,不能满足大型的会展活动。后期大多进行过改扩建,但仍难满足当代会展活动的需要。

这个时期具有代表性的建筑有:北京展览馆、上海中苏友好大厦、广州中国出口商品交易会展览馆和武汉展览馆。这四个场馆也称为中苏友好宫,外形风格和内部结构基本一致,成为当时重要的政治、经济、文化活动场所。其中,1954 年建成的北京展览馆,由苏联专家和中央设计院组织的苏联展览馆设计组完成设计。整个展览馆占地面积约 13 万 $m^2$,建筑面积 5 万 $m^2$。设计上参照了俄罗斯的经典建筑圣彼得堡海军总部大厦。2001 年,北京展览馆重新改建完成。改建后的室内展馆共设 12 个展厅,展出面积 2.2 万 $m^2$,层高 8 ~ 19m,空间高大,气势恢宏,设有大型报告厅、会议多功能厅、快餐厅等展会服务功能。所属莫斯科餐厅和北展剧场也实现了设施设备更新，基本达到接待国际性、现代化展会的硬件标准。

1958 年，北京、上海、武汉、广州、天津、郑州、南京、长沙、杭州等地，为适应工农业的迅猛发展，纷纷建立了大型的展览馆，把展览建筑的建设向前推进了一步。这些建筑无论是从规模、平面布局、流线组织、新技术的应用以及立面造型等方面，都体现了当时较高的建设水平，如全国农业展览馆等（图 2-103）。

图 2-103 全国农业展览馆

1974 年建成的广州中国出口商品交易会展览馆，是在中苏友好大厦原址兴建的，在当时规模较大，建筑面积约 11 万 $m^2$，设施较为先进，后经过改建和扩建，面积达到 18 万 $m^2$。因每年举办春、秋两届中国出口商品交易会而举世闻名。

2. 会展建筑的变革阶段（1979—2012 年）

十一届三中全会以后，随着我国经济的持续快速发展和社会主义市场经济体制的建立和不断完善，我国会展活动在内容和形式上都发生了深刻的变化，会展业开始作为一个独立的产业，迅速成长壮大起来。随着经济体制改革的不断深入和对外开放的不断扩大，我国会展业迎来了大变革和大发展时期。

20 世纪 80 年代至 90 年代，会展经济模式已经开始逐步向商贸型会展转变。20 世纪 90 年代至 21 世纪初，随着我国经济的发展、全球化进程的加快，以及第三产业的兴盛，政府和企业也更加重视会展产业的发展变化，全国掀起了建设会展建筑的热潮，具有先进设备及建设水平的场馆相继建成。这些大型会展建筑规模巨大、设施先进，从功能布局、交通规划组织、结构形式等方面都代表着当代会展建筑的一流水平。

1985 年北京在举办亚太地区国际贸易博览会之际，规划建设了国内第一个规范的现代化会展建筑——中国国际展览中心。项目建筑面积达 17.6 万 $m^2$，展览面积达到 7 万 $m^2$，拥有当时中国国内面积最大的 7 个展览馆，不仅规模大，其建筑结构以及辅助配套设施都更加完善。

这个时期具有代表性的会展建筑还有：天津国际展览中心，地处天津市河西区金融商贸中心，于 1989 年建成，2003 年扩建，占地面积 5.5 万 $m^2$，建筑面积 4.6 万 $m^2$，展览面积约 3.5 万 $m^2$。位于上海虹桥经济技术开发区的上海国际展览中心，于 1992 年建成，建筑面积为 1.2 万 $m^2$，堪称当时国内最先进的会展建筑。大连星海会展中心位于星海湾商务中心区，于 1996 年建成，占地面积 8.6 万 $m^2$，建筑面积为 9.4 万 $m^2$。

3. 会展建筑的蓬勃发展阶段（2013 年至今）

在中国加入世贸组织的背景下，中国市场以及中国成为新的制造业中心，潜在的发展前景，使得来自国外的专业市场需求空间增大。随着世界会展业的发展，我国会展业也在经历一个高速成长的时期，会展建筑成为我国各地城市建设中一个新的亮点。

随着经济全球化程度的日益加深，会展业作为"城市经济的助推器"，已发展成为新兴的现代服务贸易产业，成为衡量一个城市国际化程度和经济发展水平的重要标准之一。会展业的发展促进了国际间和城际间的密切交流，凝聚了推动城市建设进步的强大动力，也融合了各类相关产业力量，提升了城市的竞争力。

这一时期建成的会展建筑数不胜数，比较有代表性的是：厦门国际会展中心，2000 年建成，占地面积 14.24 万 m²，总建筑面积 12 万 m²，拥有 5 个展厅提供 3.3 万 m² 的展览空间；深圳会展中心，地处深圳市福田区繁华的城市中央，于 2006 年建成，总建筑面积 25.6 万 m²；位于北京市顺义区天竺地区的中国国际展览中心新馆，分三期建设，其中一期于 2008 年建成并投入使用，一期占地面积 155.5 万 m²，总建筑面积 22 万 m²，共有 8 个 1.25 万 m² 的大型展厅，展厅面积达 10 万 m²。

## （二）城市客厅：经济发展的助力

会展中心能够提升城市的知名度与美誉度。会展活动向世界各地的与会人员宣传一个城市的经济发展实力和科学技术发展水平，向人们展示城市的精神风貌，扩大城市影响。同时，城市知名度和美誉度的提高反过来又会吸引投资、促进旅游发展，从而推动城市经济的发展。

坐落于中国广州琶洲岛的广州国际会议展览中心分三期建设。一期 2002 年完成，二期 2007 年完成，三期 2008 年完成。建筑面积达 109 万 m²，展厅面积 33.8 万 m²，设置国际标准展位约 18 000 个，其展览面积在世界各大展馆中名列前茅（图 2-104）。

图 2-104 广州国际会议展览中心（图片来源：视觉中国）

　　坐落于上海浦东的上海新国际博览中心，凭借其独特的区位优势、先进实用的展馆设施，以及专业的服务品质，得到业界广泛赞同。作为重大国际展会的平台，上海新国际博览中心不仅加强了国内和国际经济贸易往来，同时有效地带动了本地区交通、旅游、商业、港口、餐饮、娱乐等相关产业的发展，为城市经济带来了活力和效益（图 2-105）。

图 2-105 上海新国际博览中心（图片来源：视觉中国）

武汉国际博览中心位于武汉四新滨江地带，汉阳南部城乡结合区域，南临二环线上的白沙洲长江大桥，东侧直面长江。武汉国际博览中心展馆部分，总建筑面积为 46.66 万 m$^2$，于 2010 年底建成并投入使用。其中包含标准展厅 12 个，提供国际标准展位 12 500 个，使武汉一跃成为中部会展之都。该中心服务于华中现代制造业基地、生产性服务中心、文化旅游中心的功能定位，以承接大型、国际性展会活动为主，是武汉规模最大、功能最完善的会展中心（图 2-106）。

图 2-106　武汉国际博览中心
（图片来源：视觉中国）

深圳国际会展中心位于深圳市宝安区福永街道的会展新城片区，地处粤港澳大湾区湾顶、珠三角中心和广东自贸区中心，广深港核心发展走廊和东西向发展走廊的交会处，广佛肇、深莞惠和珠中江三大城市圈交会处。深圳国际会展中心占地总面积约 148 万 m$^2$，整体建成后室内展览总面积达 50 万 m$^2$。深圳国际会展中心项目是关系深圳未来发展的重大标志性工程，对于提升城市功能和形象、打造粤港澳大湾区核心区有着重要意义。

## （三）造型独特：建筑艺术的丰碑

会展建筑的发展不仅推动了城市的硬件发展，而且能提升城市的软实力。会展建筑的形象往往就是人们了解城市的窗口，会展建筑不仅本身就是城市的展示名片，也是当地风土人情、文化传统的展示平台，一个好的会展建筑往往会成为城市的文化地标。

上海国家会展中心，由于其独特的建筑总布局，被亲切地称作"四叶草"，其总建筑面积约 147 万 $m^2$，包含总展览面积约 50 万 $m^2$，其中 40 万 $m^2$ 为室内展厅。其他还建设有配套的商业、办公和酒店等。其中北片的展厅于 2014 年 9 月竣工，其他展厅于 2015 年 3 月竣工，最终于 2015 年 6 月全面投入使用（图 2-107）。

图 2-107　上海国家会展中心
（图片来源：视觉中国）

杭州国际博览中心，位于杭州市萧山区的钱江世纪城，与其西侧的奥体博览中心主体育场组成杭州奥体博览中心。博览中心总占地面积约 19 万 $m^2$，总建筑面积约 85 万 $m^2$，主体建筑地上 5 层、地下 2 层，包含有展览中心、会议中心、屋顶花园（城市花园）、地下商业和车库等，塔楼为办公楼和配套酒店。场馆于 2016 年竣工投入使用，并因其在 2016 年 9 月成功举办了国际"G20 峰会"而享誉中外（图 2-108）。

图 2-108　杭州国际博览中心
（图片来源：视觉中国）

杭州国际博览中心中展览中心面积约 6 万 $m^2$，分三层布置共 10 个展厅，单个展厅从 7700$m^2$ 到 10 000$m^2$ 不等。会议中心面积约 1.9 万 $m^2$，分布在五层之中，包含有大小会议室、VIP 接待室和商务中心。其中无柱多功能厅约 10 000$m^2$，可容纳 8300 人开会。大会议厅约 3000$m^2$，为 G20 峰会主会场，配有 16 路的同声翻译，可满足举办国际峰会的要求。屋顶的城市花园引入苏州园林的设计手法，作为会展中心、商务办公和北辰酒店的配套景观，与钱塘江对岸的"城市阳台"遥相呼应。

## （四）结构精美：先进技术的展现

随着结构技术、施工技术和材料技术的不断进步，会展建筑在设计中常常率先采用新技术、新材料，呈现出富有时代感的建筑造型，能够反映出当代最先进的建造技术。主要表现在结构选型与建筑功能高度契合、结构设计和施工难度大、建筑造型新颖别致、建筑能源高效利用、设备采用领先技术等方面。

会展建筑均为大跨度建筑，其特征是跨度大、结构部件轻、预制标准高，创造了灵活的大空间。会展建筑结构的布置与会展的使用要求紧密结合，细部精美，显示了高技派建筑的特点。在现代会展建筑设计中，表现结构技术已成为重要的创作源泉之一。对于建筑结构的表现不仅展示了结构技术的优越与自信，也带来了崭新的建筑观念和形式上的创新。在计算机的帮助下，结构深化设计与 BIM 技术的有机结合，使网壳结构、桁架结构、预应力梁弦结构、各种复合结构等的发展进入真正的黄金时期。

位于南宁国际会展中心入口多功能大厅上空的穹顶，其结构形式为旋转双曲面网壳钢结构，创造了类似朱槿花的优美造型，形成了独特的建筑风格。

中国国际展览中心新馆采用的是空间桁架结构形式，并利用桁架杆件之间的空间设置风管等设备；桁架结构的应用范围、适用跨度都很大，并且具有受力简单合理、自重轻的显著特点，能够充分发挥材料应力，其截面形式可以根据屋顶形状自由变化，设计、制造、安装均比较简便，因此，很多会展建筑都采用空间桁架结构形式。如上海新国际博览中心展厅的屋盖结构采用了跨度为 72m 的鱼腹式空间钢桁架，重庆西部国际会展中心的结构形式也是采用了空间钢桁架结构体系。

深圳会展中心屋盖采用了张弦梁结构形式，其最大跨度达 124m。张弦梁桁架结构也称为预应力梁弦结构，由拱形梁（桁架）、弦及撑杆组合而成，为平面承力结构，发挥了钢索抗拉强度高和拱形结构抗压性能良好的特点，受力合理，适用于大跨度空间结构。与网架、网壳等空间结构相比，大大减少了结构节点的种类和数量，并在制作、运输和施工上都十分便捷。广州国际会展中心（琶洲）展厅的屋盖结构采用了 15m 间距的张弦立体桁架结构形式，跨度为 126.6m，是目前世界上跨度最大的张弦桁架结构。单榀重量达 135t，工程采用三角形断面空间桁架作为压杆，在国际上是首次应用，张弦桁架两端采用超大型铸钢节点作为受力支座，分别为 4.5t 和 6.5t，是目前国内吨位最大应用于建筑工程钢结构的铸钢件。

小知识

张弦梁结构：由弦、撑杆和抗弯受压构件组成的新型空间结构形式，通过在弦中施加预应力来改善抗弯受压构件的受力性能的自平衡体系，具有受力合理、制造施工简单和运输方便等优点。

当代的设计师们针对多样的大跨度空间结构体系的优缺点，在会展建筑中创造性地运用各种复合结构，以发挥不同结构的优势，弥补其他结构的短处，从而优化了展厅的结构体系，使结构受力更加合理。如天津滨海国际会展中心，屋顶采用了空间桁架与斜拉索的组合结构，室内的空间桁架结构支撑起跨度为 70m 的屋盖，并且利用 12 根高耸桅杆从上部吊起这 2.4 万 m² 的大屋盖，通过这两种结构体系的结合，不但缩小了空间跨度，减小了结构构件截面，而且经济合理，建筑形式轻盈美观。

会展建筑是高科技建筑的典型代表，在城市中作为标志性建筑，往往从技术美学出发，采用最先进的材料和技术来表达时代感。随着可持续设计观念的普及，会展建筑率先应用环保、节能等新型建筑材料，以及智能化控制的运行模式。对于会展建筑来说，新材料、新结构、新技术在建筑中的运用成为建筑创作的新手段。随着建筑中科技含量越来越高，创作中技术的表现力增大，会展建筑创作理念和建筑造型都发生了巨大的变化。技术进步为会展建筑创作开辟了更加广阔的天地，既满足了人们对会展建筑提出的不断发展和多样化的需求，赋予会展建筑崭新的面貌，同时也改变了人们的审美意识，开创了直接鉴赏技术的新境界，为会展建筑创作提供了丰富的语境。

2019年中国北京世界园艺博览会的标志性建筑——中国馆，位于北京延庆西南部，建筑面积 2.3 万 $m^2$，是一座外形为半环形的建筑，如一柄温润的如意坐落于青山绿水间。巨型屋架从花木扶疏的梯田升起，不止于外形恢宏舒展，中国馆还是一座"会呼吸、有生命"的绿色建筑（图 2-109）。

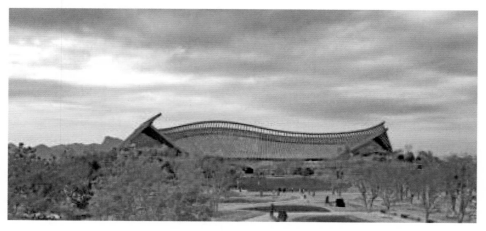

图 2-109　中国北京世界园艺博览会中国馆

中国馆在大屋架这一中国传统建筑形式中，巧妙运用了现代材料和适宜的技术，内侧屋架共安装有 1600$m^2$、1056 块碲化镉薄膜光伏玻璃，实现透光率与发电效果的完美结合。受传统温室启发，斜屋面内部使用玻璃和

ETFE 膜形成的双层幕墙围护系统，不仅满足植物的光照和通风需求，玻璃和膜之间形成的空腔更加有利于建筑冬季的保温。屋顶设置了雨水收集系统，场地采用透水铺装，地下设雨水调蓄池，经回收处理后将用于梯田灌溉，形成生态微循环。设计师们还采用了地道风技术，使进入空调系统的新风先经地道与土壤发生热交换，从而实现新鲜空气的夏季预冷、冬季预热，有效降低空调系统能耗。在中国馆的设计中，绿色节能理念贯穿始终，中国馆将中国古典生态哲学智慧与现代生态文明理念融合起来，以自然平和的方式，诠释生态文明，彰显文化自信、科技自信，用诗意的中国语言讲述美丽的园艺故事（图 2-110、图 2-111）。

图 2-110　中国馆室内金色光伏玻璃　　　　图 2-111　中国馆室内双层幕墙 + 自然通风

# 八、文教建筑　弘扬文化

## （一）文化空间：美好生活的起点

小知识

> 文化空间：传承与交流文化的空间，强调文化的呈现与体验。广义上的文化空间有着宽泛的外延，包括一切能够与需要营造文化氛围的空间场所。是能够让人民群众进行体验与互动，能够通过轻松愉快的方式学习与感悟人类文明的城市与建筑空间。是文化传播和展示的重要方式与平台，是提高人民精神生活质量不可或缺的基础条件。

### 1. 文教建筑的概述

文教建筑包罗万象，大的类型上分为文化建筑与教育建筑。文化建筑是一切社会大规模文化活动的载体，包括博物馆、图书馆、剧场、美术馆、音乐厅，以及有文物价值的建筑（文保建筑）。文化建筑是涵盖内容非常广泛的建筑门类，是人民群众进行文化活动以及思想交流的地方，是城市的书房，更是城市的客厅（图2-112）。

教育建筑基本可分为两大类：基础教育建筑以及中高等教育建筑。基础教育包括学前、小学、初中和高中四个学段，是在读规模最大、学龄最长的教育，与每个家庭、每个孩子息息相关。教育建筑不应该只是安排满足知识传授的教室，而是要营造能够承载培养"知、情、意、行"良好行为的物理空间环境及精神场所。

图 2-112　国家图
书馆室内
（图片来源：视觉
中国）

### 2. 文教建筑与文化强国

中国是伟大文明古国，拥有辽阔的土地以及悠久的历史，造就了文化的博大宽广、多元丰富。其现存的文化遗产数量在全世界名列前茅。

文化是一个国家的核心竞争力，文化复兴是民族复兴的基础。纵观人类发展史：一部文明演进史，有可能就是一部文化建筑的发展史。中华文化是全体中国人和海外华人的精神家园、情感纽带和身份认同。文化建筑需要集中体现中华文化的博大与包容，以海纳百川的气魄营造具有中华文化凝聚力的精神场所与文化家园。

新中国经过 70 多年的基本建设与砥砺奋进，营建了大量的文教建筑，同时也越来越呈现出对于文化的重视。尤其是党的十八大以来提出的"中华民族伟大复兴"的愿景，将文化放到了一个关乎中华民族命运与前途的高度。

### 3. 文化建筑与美好生活

新中国成立初期，我国公共文化服务设施极其薄弱。到"十五"末期，基本实现了县县有图书馆、文化馆的目标，初步形成了覆盖城乡的公共文化服务网络。据 2017 年文化部统计公报，全国共有图书馆 3166 个，博物馆已达 4721 个（表 2-7）。

表 2-7 　全国文化建筑增量对比表

| 年代 | 博物馆数量 / 个 | 对比基数 | 图书馆数量 / 个 | 对比基数 |
|------|------|------|------|------|
| 1949 年 | 21 | 1 | 55 | 1 |
| 2008 年 | 1893 | 90 倍 | 2820 | 51 倍 |
| 2017 年 | 4721 | 225 倍 | 3166 | 57 倍 |

4. 教育建筑之根本目标：促进基础教育与高等教育的共同进步

新中国成立 70 多年来，基础教育事业不断发展，校园建设方面也取得了举世瞩目的成就。2019 年，我国幼儿园的数量从 1950 年的 1799 所增加到 28.12 万所，九年义务教育学校 21.26 万所，高中阶段学校 2.44 万所，普及程度已达到世界高收入国家的平均水平。从 1977 年高考恢复，全国高校总数不足 600 所，到 2019 年 6 月教育部公布，全国高校总数共计 2956 所。

## （二）文化经典：记忆传承的平台

中国国家博物馆建成于 1959 年 8 月，原为中国历史博物馆以及中国革命博物馆，于 1969 年合称中国革命历史博物馆。2003 年 2 月 28 日，中国国家博物馆在合并中国历史博物馆与中国革命博物馆的基础上，正式挂牌成立。建筑面积由 6.5 万 m² 增加到 19.2 万 m²，各项设施进一步完善、配套和现代化，无论从文物藏品、展览规模、硬件设施还是人员组合上都达到与其地位相适应的规模和水平（图 2-113）。中国国家博物馆是具有国际先进水平的博物馆，与人民大会堂东西对称，是集中展现中国伟大文明的历史与艺术的综合性博物馆。

图 2-113  扩建后的中国国家博物馆室内
（图片来源：视觉中国）

2003 年，在原有建筑基础上的扩建工程经过反复的方案论证，对原有建筑风貌进行了最大限度的保留与传承，成功地传承了历史记忆，保证了天安门广场建筑群的历史风貌完整性。中国国家博物馆如同它的名称一般，变化得富有传奇色彩，成为时间的载体，令人回味、发人深思。时间与历史的伟大写在了中国国家博物馆的建筑与空间之中，这是一次文化建筑的伟大胜利。而中国国家博物馆也一定会成为国家的永恒记忆，也是在使用中的文化保护单位。

国家大剧院的建筑理念，延续什刹海、北海、中南海的水系，体现着对传统城市肌理的创新传承，其建筑形态颇具未来与科技感。大剧院的选址符合传统历史城市文脉延续要求。其外观呈半椭球形，东西方向长轴长度为 212.20m，南北方向短轴长度为 143.64m，建筑物高度为 46m，占地面积 11.89 万 $m^2$，总建筑面积约 16.5 万 $m^2$，其中主体建筑 10.5 万 $m^2$，地下附属设施6万 m²（图2-114）。设有歌剧院、音乐厅、戏剧场以及艺术展厅、餐厅、音像商店等配套设施。

图2-114　国家大剧院
（图片来源：视觉中国）

## （三）绿色人文：承载着家乡的情怀

2006年10月6日，苏州博物馆新馆建成并正式对外开放（图2-115）。新馆占地面积约10 700m²，建筑面积约19 000m²，是一座集现代化馆舍建筑、古建筑与创新山水园林三位一体的综合性博物馆。历史传承与历史信息充满了复杂性以及戏剧性，建筑大师美籍华人贝聿铭进行了巧妙的设计与融合，使得现代化的博物馆与传统建筑进行时空对话，在整体协调的前提下有着时代的特征。

图2-115　苏州博物馆庭院
（图片来源：视觉中国）

现代结构与现代材料，同时具备现代建筑的基本特征——简洁明快的体块造型以及尽量弱化非结构性装饰的原则。尤其是外观的现代性与环境的古典气氛相融合、相协调。在现代建筑造型的基础上，尊重历史与人文，尊重环境，以及强调建筑的"在地性"。

贝聿铭先生的工业化建造以及理性几何体的运用依然呈现，同时延续着模数化建造的逻辑进行着绿色建造，园林化的环境以及与周边古典园林的融合更突出绿色建造的基本特征。

地处江南的苏州博物馆与地处华北大地的国家博物馆仿佛文化建筑的南北双璧，共同讲述着新中国新时代的故事，也共同身处历史、面向未来。

## （四）文化遗产：文明存在的最好证明

重要的文化建筑的文物价值以及对城市文化传承的意义绝非巧合，文化建筑是文化最为重要的载体，但文化保护建筑也绝不仅限于文化建筑。文化保护建筑与其他文物所不同的不仅仅是不可移动性，还有它的"继续利用性"以及"可持续性"，所以即便是世界文化遗产又同时是国家重点文物保护单位，却依然需要承载功能，依然发挥社会作用，依然如同活化石般不断重生。很多文化保护建筑就是文物的展示馆，而"文化保护建筑"又有着"普通文化建筑"所不具备的时间性与历史传奇性，同时又是历史事件最真实的见证。人们流连于文化保护建筑之中，所能够感知与感受到的历史与艺术，所能体验到的真实感与亲历感，是任何其他方式所无法呈现的。文化保护建筑作为文物的陈列与展示仿佛更加有说服力以及整体的正式感，人们在时空的穿越之中感受到时间与文化传承的力量。

## （五）文化休闲：安居乐业的后花园

最能集中体现人们幸福指数的公共场所是人们日常生活触手可及的地方，是人们早晨与傍晚散步与健身的必达之处，是老人与孩子的乐园。

百姓最为喜闻乐见的文化休闲公园以及社区文化馆等是最为普通的文化建筑，人们在这里可以进行各种多姿多彩的文化活动，诸如打太极拳、跳舞、下棋、打球等。这里是人们呈现笑容最多的地方，具有轻松愉悦以及生态绿色、亲切祥和的氛围，以人为本的空间通过景观植被进行划分，形成不同的区域以及边界。人与人在这里是如此的平等与融洽，这里又仿佛是社会最为完整的缩影，这里没有职业以及其他任何的界定，这里人们回归到最为基本的状态，这里也是人们幸福生活最为真实的长长的横幅画卷。

　　家边的风景是文化休闲空间的核心特征，而在无形之中，家边公园对于人们的幸福指数至关重要，同时家边公园对于人们文化素质以及文化修养的提高变得尤为重要。文化教育的最佳方式莫过于耳濡目染以及润物无声。故而在休闲公园内提升审美格调以及审美品位是一个循序渐进的过程。景观植被以及园林小品都需要体现其精致的设计以及在维护中逐渐增加的文化格调，以满足人们不断增长的文化需求。公园的侧重点在于老人与儿童，活动的方式是非剧烈的，有着相对舒缓以及慢节奏的特点。营造绿色的日常休闲空间，首先在规划层面加大社区公园的密度以及便捷的步行距离。通过社区公园的建设完善城市的慢行体系，以丰富人们的休闲方式（图2-116）。

图2-116　北京市西城区人口文化园（图片来源：刘方磊摄）

## （六）民生有责：教育建筑的重建与援建

1. 北川中学凤凰涅槃般的灾后重建

5・12 汶川地震后的新北川中学（图 2-117、图 2-118），是灾后援建项目的代表，寄托了国家和全体华人的大爱。

图 2-117　宁静的北川中学

（图片来源：北京市建筑设计研究院有限公司，杨超英摄）

图 2-118　朴实的地方材料的穿插与使用是"粗粮细作"原则的体现

（图片来源：北京市建筑设计研究院有限公司，杨超英摄）

2008 年 8 月，四川省正式批复由中国侨联组织华人华侨援建北川中学，2009 年 5 月 12 日开工，2010 年 8 月 17 日竣工并交付使用。该校位于四川省北川羌族自治县永昌镇，总建筑面积 7.2 万 m²，可容纳 86 个班的高中生全寄宿学习，对于提升我国县乡教育硬件设施，实现灾后重建校园跨越式的发展做出了成功的尝试。

学校综合考虑建筑整体避险、救灾和防灾避难场所，以及应急物资库房、应急水源、预留临时厕所浴室的上下水接口等问题。同时，通过细致的无障碍设计对地震中致残的孩子们给予了充分的关注。

2. 教育公平的城乡教育一体化发展

2018 年，国务院办公厅提出了建立"以城带乡、整体推进、城乡一体、均衡发展"的义务教育发展机制。国家对中西部偏远地区提出了优先发展乡镇农村教育事业的教育援建措施，其着眼点不仅是对教育水平欠发达地区校园建设硬件条件的支持，更是体现着对全社会教育公平均衡发展的国家战略（图 2-119）。

图 2-119 新疆和田援建项目中的小学和幼儿园鸟瞰（图片来源：北京市建筑设计研究院有限公司）

# （七）师资平等：均衡基础教育资源

由于经济、地域、人口等因素的制约，目前我国的优质教育资源尚未达到良好配置的程度。为了解决这个问题，很多名校通过扩大班级规模，以超大尺度增大优质教育的辐射半径，成为具有中国特色的解决当下优质教育资源不足的应对方式。

这类超尺度名校多数历史悠久，是该城市的文化名片之一，新校区的建设，不仅扩大了规模，同时硬件标准得以提升；不仅传承了老校特色，同时与时俱进地发展出自身的新特征，成为城市发展的新地标（图2-120）。

图2-120　蚌埠二中新校区鸟瞰
（图片来源：北京市建筑设计研究院有限公司）

在校园空间规划层面，这类超尺度校园也呈现出新特征。一方面，在空间尺度上这类校园介于普通中小学与大学或职业学院之间，规划上在保证中小学校园空间规划时效性的同时，也更加强调校园的场所属性，形成多样化的具有特色的校园学习社区，不同的组团式学习社区承担着不同的教学内容。另一方面，由于这类学校还要解决大量学生的住校问题，使这类超尺度学校越来越像是一个小社会，学生的学食住行，基本上都在校园中进行。

校园多体现绿色校园理念，较为宽裕的用地为创造绿色怡人的校园环境创造了条件。同时，在越来越强调绿色与可持续发展的今天，一座绿色节能的校园，对于培养学生从小建立节能环保的意识是非常重要的，这也成为这类校园在建设时非常关注的内容（图2-121）。

图2-121 蚌埠二中具有导视性的系统空间设计
（图片来源：存在建筑）

## （八）教产融合：高等院校带动新城及产业发展

小知识

　　教产融合：即产学研一体化，大学中拥有高层次的学术导师和层出不穷的专业学子，是推动产业发展的原始动力。一项科研成果诞生于大学，转化于社会，孵化聚集一批人才，从而带动一个区域的经济增长，激增该区域的城市活力。

### 1. 从大学到大学城

高校在产业结构和经济结构升级转型过程中的作用不断突显，成为产业技术和产品设计、研发、创新的中心。近年来，一些地区以高校集群为依托着力建设大学科技园、产业园，旨在推动地区产业、经济的快速发展（图2-122、图2-123）。

图2-122 北京航空航天大学沙河校区

（图片来源：视觉中国）

图2-123 外交学院沙河校区

（图片来源：北京市建筑设计研究院有限公司提供，傅兴 摄）

高校在城市地理空间的聚集，会带来大批生源的汇聚，并形成高校经济圈、产业圈。高校的人才资源和科技创造力，将大学教育与高新技术产业、企业相结合，形成高新产业。

高校的知识创造力和人文精神有力地拉动了城市文化产业的发展，成为城市文化创意产业发展的动力引擎。

2.高校建设伴随中国发展走向国际化

北京大学光华管理学院与企业家研究院是教育改革与教育建筑空间变革互相助益、共同推进中国高等教育变革的见证（图2-124）。作为中国改革开放后的第一家商学院，其教学模式和管理模式均要求与国际接轨，核心需求是：在传承百年的北大校园中建设，需要稳定且与国际化教学行为相匹配的成熟模式，并需适应国际交流弹性发展的可能；需要开放，可从事研究、交换交流、利于创造知识的自由学术环境。这给教育建筑空间带来了彻底改变。通过对国际名校广泛调研、对学院自身内在功能充分思考，经过分项研究设计以及长期积累和改进，建立了标准单元模数化和设计要素流程化的体系。

图2-124 体现北大精神的北京大学光华管理学院
（图片来源：北京市建筑设计研究院有限公司）

3.高校建筑中的场所精神

北京大学国际关系学院建设是诠释教育建筑场所精神的经典案例，并获得全国绿色建筑等多个奖项。学院用地紧邻燕园风景文物保护区，设计的最大亮点是营造"一草一木皆教育"的精神场所（图2-125）。

图 2-125　北京大学国际关系学院古树保护
（图片来源：北京市建筑设计研究院有限公司提供，杨超英 摄）

# （九）人本教育：教育建筑设计中的人文关怀

人文关怀的理念体现在校园规划中的每一个角落和每一处细节，从抗震防火的安全设计到建筑和部品的设置。一所优秀的学校不仅仅是高品质的校舍，同时能够传递给教师和学生安全与自救的意识和理念。减少校园不被看见的角落，为师生提供更为开放和互动的空间，校园空间应具有紧急情况下更为容易的自救与互助、逃生与施救的条件。

北京市盲人学校建于 1874 年，有着一百多年的跌宕历史，至今建成具有小学至高中和职教培训的全日制特殊学校，招收北京地区视力障碍的学生和深陷重症的多重残疾的孩子（图 2-126）。新的北京市盲人学校教学楼和操场建成于 2012 年，除了传统的盲人按摩、钢琴调律教学外，在国内率先建立了计算机教学，同时建设了健身房。这些特殊的孩子经过教育，被赋予一技之长，成长为服务社会的人才。

图 2-126　北京市盲人学校连廊空间（图片来源：北京市建筑设计研究院有限公司，陈华 摄）

　　学校建设采用更具针对性的无障碍设计，电梯、无障碍卫生间设计，甚至教学方式的改变，都便于为不同的学生确立不同的学习目标。

## 九、医疗建筑　以人为本

　　医疗建筑需要把复杂的医疗体系的专业知识与建筑专业知识结合起来，还需具备适应不断变化的医疗体系、未来医疗需求，能够适应现在和未来需要的功能，具有专业性、多样性、复杂性等特性以适应"医疗体系"的需求。医疗建筑经历了从古代的寺庙、民居，到近代的南丁格尔式及医疗建筑群，再到近现代的高层住院楼、"医疗街"等形式的发展历程。

　　新中国成立初期，我国采用计划经济模式初步建立了全民医疗普及体系，但总体还比较落后。1950 年，全国医院数量 2800 余家，医院病床 9.71 万张，平均每千人医院床位数 0.18 张。乡村医疗建筑因陋就简，功能空间单一，一般采用简单的技术手段解决医疗的基本问题；城市医疗建筑多结合当地气候特征采用枝状串联的多栋连廊式空间布局，自然采光通风是考虑的重点，中国固有形式的民族风格仍被广泛应用。建于 1956 年的北京积水潭医院为了保护水面及原有王府花园的庭榭建筑并分散过大的建筑体量，采用自由的分散式连廊将错开布置的三栋住院部及门诊楼串联成一体，与环境协调共生并取得了良好的自然采光通风条件，是典型的枝状串联式风格（图 2-127）。

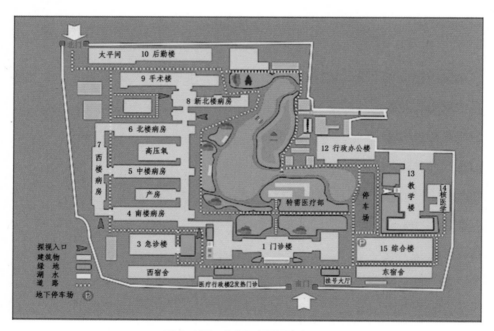

图 2-127　北京积水潭医院平面图

改革开放后，我国的医疗卫生事业进入了快速发展期，医院面貌有了很大改观，各种大型医疗设施、先进医疗技术被相继引进，医院建筑也日趋完善，在功能及造型上都呈现出多维度发展的趋势。1980 年，全国医院数量达 9900 余家，医院病床 119.58 万张，平均每千人医院床位数 1.21 张。此时建设的医院仍然大多沿用枝状串联式的空间模式，但由于医疗设备的增加，使得每一枝的进深得以增加，以北京中日友好医院为代表的南北对称排布、内部双走廊的功能空间形式得以显现。医疗建筑的空间也向大型化、复杂化方向发展，同时由于建筑技术的发展，出现了高层住院楼，建筑形式也多体现为"形式追随功能"的现代主义风格。

20 世纪 90 年代，医疗建筑逐渐呈现出多元化发展，"医疗街"的运用极大地改善了大型集中式医院的内部环境，建筑造型上开始结合地方文脉及自然条件，在力求体现医疗建筑特性的同时展现建筑的科技之美。同时，医疗建筑越来越体现人本主义思想，更加注重建筑环境、色彩、空间等的营造，极力营造舒缓病人压力的氛围。其中，佛山市第一人民医院采用方格网交通模式，设置医院主街、中庭内院、气送物流系统等先进理念布局与装备，被誉为"中国医院现代化建设起点"，开创了我国新型现代化医院的先河（图 2-128）。据统计，2000 年全国医院数量达 16 300 余家，医院病床 216.67 万张，平均每千人医院床位数 1.71 张。

图 2-128　佛山市第一人民医院

　　进入 21 世纪，医疗建筑逐渐向人性化、科技化、信息化发展，在病房上通过中央空调、新风系统、内部装饰、楼宇智能化等营造一个宁静、舒适的医疗环境，并逐步向少床或单床病房发展。在医疗设备仪器的配套上，建设了防辐射墙、洁净手术室、负压病房、正压病房等满足功能需求；在信息化建设上，计算机、自动控制等信息技术的大量应用，为医院的日常运维管理及新兴技术在医疗上的创新应用提供了基础。截至 2018 年，全国医院数量达 33 000 余家，医院病床 651.97 万张，平均每千人医院床位数 4.67 张。随着党和政府在医疗卫生领域的投入不断加大，大力提升医疗服务体系，我国医院数量和床位数呈现出稳定的增长趋势（图 2-129、图 2-130），各种类型的专科医院、国际医院、康养医院等呈现出百花齐放的态势，人民群众医疗条件持续改善。

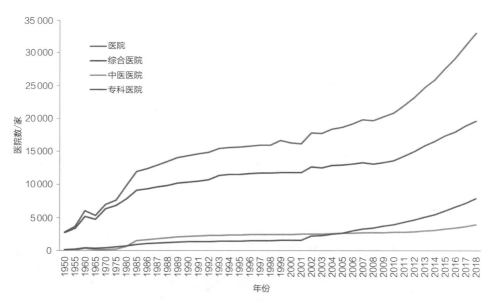

图 2-129　新中国成立以来医院数量增长趋势
（数据来源：《2019 中国卫生健康统计年鉴》）

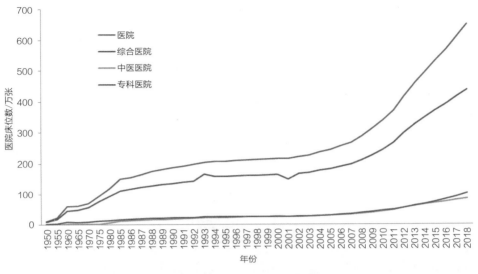

图 2-130　新中国成立以来医院床位数增长趋势
（数据来源：《2019 中国卫生健康统计年鉴》）

## （一）绿色人文：技术创新，助力救死扶伤

　　绿色思想在我国医院的建设中古已有之，唐宋时期医院的选址多在环境优雅的风水宝地，并注重环境和各类空间功能的划分以减少交叉感染。当代的绿色医疗建筑更加注重在健康空间、舒适环境、低能消耗、智能控制上给医患人员营造一个舒适的医疗环境。医院作为救死扶伤的地方，其在规划、设计、建造和运营过程中，"以人为本"及"以患者为中心"的理念始终被摆在最重要的位置。在"健康"尤其是"终身健康"这一理念日益深入人心的新时代，涌现出一批接轨国际先进理念、体现以人为本、满足个性化服务要求的现代医院。这些医院的共同特点是具有人性化的诊疗环境、全方位高品质的医疗服务和个性化、持续的健康关怀。

　　上海首家三级规模综合型国际医院——上海嘉会国际医院是中国大陆首

个获得 LEED HC 绿色医疗建筑金级的医疗机构（图 2-131）。在其建筑设计上将医院理解为"愈疗的花园"，处处体现"以人为本"及"以患者为中心"的理念，除定位为大型医疗机构外，医院还力求体现人性化设施，追求全方位人文关怀，实现高科技和高情感的平衡，将安全、效率和舒适性置于治疗和康复环境的核心位置，专注于提升医疗效果，致力于为患者提供优质、高效及以人为本的医疗服务，将医院建成一家可满足各方不同需求的综合医疗机构。

图 2-131　上海嘉会国际医院

　　为了亲近大自然缓释压力以缩短患者的住院时间，设计师利用医院周边大片树荫作为城市的缓冲区，提供遮阳和降噪功效，打造了一片草木葱茏的大型花园式中央庭院，使人们从园区各处不同角度都能观赏到其间美景。

　　进入大堂时，接待处看起来就像是酒店前台，柜台低矮并用挡板隔开，直观的导向标识引领病人、来访者和工作人员到达不同区域，将患者经历的预诊、过渡和治疗三个阶段建立一条连续的康复之路（图 2-132）。在医院内部，呈现的柔和色彩使整个空间变得更有活力，绿色空间和植物的设置提供了一种温馨的体验；医院大面积的窗户设计大量采用了自然光并辅助人工照明营造通透的医院视觉光环境，可让患者享受阳光的沐浴；病房设计成单人套房，以增加隐私保护、降低噪声、减少院内感染，使患者能享受如家一般的舒适和洁净（图2-133）；在便利性上，将照明控制、窗帘控制、病房娱乐遥控等功能都集成至枕边护理呼叫手柄，保证患者随时可以完成对这些病房设备的控制（图2-134）；在环境的布置上，灯光、地毯、沙发、床垫等的选择搭配都根据不同科室的特点力求创造更舒适的环境。

图2-132　上海嘉会国际医院中央庭院及大厅

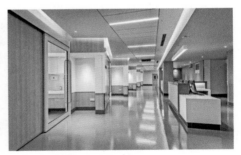

图2-133　上海嘉会国际医院诊疗室及护理单元走道

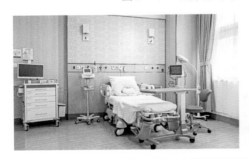

图2-134　上海嘉会国际医院住院病房及家属陪伴房

医院设计建造过程秉承环保可持续的设计策略，最大限度地节水、节能、减少废弃物和温室气体的排放。国内首次使用的VAVBOX（变风量箱）全过滤新风和风控系统以及低挥发性环保建筑材料，有效降低了空气感染风险，全院仿佛带上一个N95口罩，医疗级滤材阻隔尘埃粒子和气溶胶，$PM_{2.5}$永远低于10。疫情期间也可以24h全新风运行，确保院内空气安全、患者体感温度湿度舒适。医院的建筑朝向设计和陶土外墙能有效地帮助吸收太阳热量，圆润边角、暖色设计缓解医疗锐利感、压迫感。打破规整的上大下小楼宇造型、错落排布的3栋子楼，最大化减少噪声传播，并使全院没有暗通道，患者尽享宁静与阳光。医院内还有一座高效的中央能源中心和环保物料处理系统，保证了环保节能及健康环境。使用了先进的气动管道系统，以"嘉会动起来，患者就不需要再跑"的理念将整个医院的不同科室之间通过"收发工作站"和运输轨道连接起来，文件、常规药物都可以在这里运输，平均10～20s就可以送达，整个医院内最远的两个收发站之间也只需要53s。

## （二）快速建设：撼山动地，打造疫控方舟

在2020年春节的新冠疫情肆虐武汉之际，以中建三局为代表的设计、施工、配套等建设者们用"中国速度"创造了10天左右建成正常工期为2年以上的武汉"两山"医院的举世奇迹（图2-135）。作为收治传染病的医院，"两山"医院并不是简单的板房集合，而是一所合格的传染病医院，符合呼吸道传染病医院负压隔离的标准。其快速建设得益于先进的集成设计和装配式建筑技术。通过装配式、模块化集成设计，"两山"医院实现了建筑结构系统、外围护系统、设备与管线系统、内装系统、医疗系统的一体化

设计，最终达成整体功效"1+1 ＞ 2"的系统集成目的。建造过程中，"两山"医院最大限度地采用工业化装配式成品，主体建筑采用轻型钢结构集装箱房，在工厂加工成整体后运输至施工现场（图 2-136）。基础底板完成后，就可像"搭积木"一样进行集装箱房的吊装和拼接，快速形成拔地而起的建筑。

"两山"医院

图 2-135　火神山
医院建设现场

图 2-136　"两山"医院建设现场

对于医疗废水和医疗废物处理难题，将医疗垃圾收集起来后由院内的两台焚烧炉安全处置；医院的废水则首先在院区内进行全封闭地收集和预消毒处理，之后提升至所在的污水处理站再进行生化处理和再消毒处理，从排出到处理合格经过"预消毒接触池→化粪池→提升泵站（含粉碎格栅）→调节池→MBBR（移动床生物膜工艺）生化池→混凝沉淀池→接触消毒池"7道严格的工序，消毒处理达5个小时。在项目建设初期，还利用HDPE（高密度聚乙烯）防渗膜为医院地下基础穿上"防护服"，并建立一座4000m³的降水调蓄池，不让一滴污水进入地下，保证降水全搜集、全消毒杀菌，再进入市政管网。

让我们再回顾一下当时争分夺秒、创造奇迹的时刻：2020年1月23日，武汉决定参照北京小汤山医院模式建设火神山医院。当晚10时，大批建设者和工程机械紧急集合，通宵开始场地平整和回填施工；1月27日，首批集装箱房开始吊装；1月30日，集装箱房就已经安装完成90%；2月2日，火神山医院交付使用。1月25日，武汉市决定再建一所雷神山医院。当日16时，项目启动；1月26日，场地平整等工作开始；2月6日，雷神山医院开展验收并逐步移交（图2-137、图2-138）。短短10天，3万多名建设者夜以继日、争分夺秒的壮举，再一次震惊世界。

图2-137 雷神山医院隔离病房内景

图2-138 雷神山医院医技楼的检验科室

"两山"医院在应急医院设计中采用模块化设计、细化洁污分区、创新卫生通过室等措施，解决了呼吸类传染病应急医院快速建造和安全保障的难题；形成了设计、施工、物流与工艺优化高度融合的一体化建造技术，实现了极限工期下快速建造、快速交付；采用模块化单元密封及气压控制病房防扩散、"两布一膜"整体防渗等技术，实现了"零扩散""零感染"；应用5G、AI、物联网等现代信息技术，研发出智能化运维管理平台，实现了智慧安防、智慧物流、远程会诊、智能审片、"零接触"运维。

小知识

### "两山"医院建设者：以国家使命为荣

2020年1月23日凌晨，为控制新冠疫情武汉市宣布封城。当日上午，总部位于武汉的中建三局即向武汉市委、市人民政府提交了《中建三局关于在新型冠状病毒疫情防控中参与建造医疗隔离场所的请示》，主动请缨，申请为武汉市建造紧急医疗隔离场所。中建三局接手建设项目时，因为正值春节期间和武汉封城，存在着严重的人员使用调配和供货渠道等问题，中建三局和其他承建单位设法召回在鄂的施工人员，现场实行多班倒的工作模式；同时，根据现场实际情况，选择能够采购到的材料和设备，局部调整方案进行施工，不能让"人等料"。在设计和施工上，由于工期紧，只能边设计边施工；场地有限，只有通过合理划分施工区域和安排人员倒班确保进度；多单位多工种同时进驻工地施工，强调了配合要求。由中建三局牵头，武汉建工、武汉市政、汉阳市政参加承建，以及市供电公司、水务公司、园林公司等多家专业单位协同作战的团队克服重重困难，在10天内建设完成了建筑面积3.39万 $m^2$、床位数约1000张的武汉市火神山应急医院（图2-139）。1月25日，中建三局接到新指令，将以总承包模式在武汉市江夏区强军路再建一座应急医院，总建筑面积7.99万 $m^2$，设置床位数1600个，工期仍为10天，即为后来的雷神山医院。

图 2-139　火神山医院施工中，建设者们夜以继日工作，确保工期

# （三）智慧发展：勇于创新，拥抱未来科技

随着 5G、云平台、大数据等新兴信息技术的快速发展，使得智慧医院的建设成为现实。深圳市第三人民医院作为全国首家传染病专科医院 5G 智慧医院，在便捷就医流程、远程医疗、院前急救等方面做了示范应用，开启了 5G 智慧医疗的新时代。想象一下，以下场景将成为常态：在 5G 环境下，急救车从到达患者身边的一刻起立即将患者体征数据、监护影像、现场环境及施救过程以数据、图片、视频等形式实时传输到医院终端，急诊医生在患者运转过程中实时同步完成患者病例的阅读并正确指导抢救，同时提前制定相应的抢救方案等，使转运过程中的实时救护与医疗专家的远程诊疗无缝对接，为急救状态下患者的护理和抢救提供良好的保障。其建设的复

合手术室配备了全国首台（全球第 7 台）数字减影血管造影机，可实现外科手术和介入手术之间的自由切换。同时，在 5G 网络环境下，院外专家可以在世界各地远程观看介入影像，并配合现场医生完成针对疑难杂症的 5G手术。

医疗建筑是最复杂的公共建筑之一，24h 不间断运行，专业机电系统繁多，人车物流相互交错，运维难度极高。如何改变传统以"应急处理"为主的被动式管理模式，为"智慧医院"提供以"预防"为主的主动式运维管理的"智慧建筑"已成为现代化高端医疗管理的需求。在上海市东方医院的改扩建工程中（图 2-140），上海建工集团首次将 BIM 技术深度应用到医院建筑运维阶段，通过整合海量异构的建筑静态和动态信息，在空间管理、机电设备管理、报修维护管理、安全防控管理、建筑能耗管理等方面形成建筑运维大数据，实时反映建筑运行机理和状态，实现医院建筑主动式、集成化运维管理。

图 2-140 上海市东方医院

在建筑建设阶段，创建建筑、结构、机电设备、装饰装修等各系统的三维模型，通过添加各种信息内容，最终形成建筑的 BIM 运维管理模型（图 2-141 ~ 图 2-143）。通过 BIM 中的监测对象与 BA（楼宇控制系统）中获取的监测数据匹配，实现医院资产管理系统、楼宇自动化系统、视频监控系统、报修服务系统、客流车流监控系统、医疗气体监控等运维信息系统与 BIM 深度融合，实现建筑全生命期大数据的高效存储与便捷应用。将三维可视化模型与实时运维数据动态整合，使最终用户能够直观地了解建筑实时运行状态，达到可视化、集成化运维管理。对监测的大数据进行多维度统计分析，深度学习历史故障的发生规律，提前预测设备故障，保证设备运行可靠性。建筑智慧运维系统以逼真的建筑信息模型展示和流畅易用的模型浏览与漫游交互，将建筑运维中的各种数据以多样化的方式展示。

图 2-141　上海东方医院楼层 BIM 模型及水泵房 BIM 模型

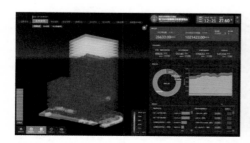

图 2-142　上海东方医院能耗可视化管理及能耗智能分析

图 2-143　上海东方医院桌面管理端主页面及 PDA 端主页面

# 十、工业建筑　大国智造

工业建筑是指供人民从事各类生产活动的建筑物和构筑物，如车间、厂前建筑、生活间、动力站、库房和运输设施。我们生活在工业时代，工业是国家发展的基础，是推动社会不断发展的动力，社会生产、生活所涉及的各种各样的能源、材料、物资、生活消费品都与工业建筑息息相关，如发电厂、水厂、电子制造厂、汽车制造厂等（图 2-144）。

石油化工厂　　　　　　　　　　　　　微电子工厂

图 2-144　常见的工业建筑（一）

城市污水处理厂

制药工厂

图 2-144 常见的工业建筑（二）
（图片来源：视觉中国）

　　我国现代工业于 19 世纪 60 年代"洋务运动"时期起步，由官僚集团、爱国商人等兴建了最早的民族工业，如江南制造局、汉阳炼铁厂等，为我国民族工业的发展奠定了基础。新中国成立初期，我国工业占国民经济的比例很小，其中，重工业基础尤其薄弱。在党的领导下，我国掀起了社会主义现代化工业建设新篇章，围绕重工业开展社会主义经济建设，从苏联引进 156 个大型工业项目，确定了"实用、经济、尽可能注意美观"基本原则，建筑风格以苏式建筑为主。我国发挥体制优势，广泛动员人民群众力量开展工业建设，经过近 10 年时间，建成了大庆油田、沈阳飞机制造厂、长春第一汽车制造厂、河南洛阳拖拉机厂等重大工业项目（图 2-145），初步形成了我国的工业体系。

　　改革开放后，我国开始向西方国家学习，开启了工业快速发展新时代，该阶段建筑技术飞速发展，各种新型材料、结构设计及施工工艺逐步成熟，大跨度钢结构车间、多高层联合厂房等成为主流结构形式。与此同时，依托开放政策及人力资源优势，工业园区、产业链集群在沿海开放城市大规模兴起。21 世纪初期，随着我国加入世贸组织，国家对外开放程度不断提升，一方面，带动科学技术飞速发展，物联网、智能机器人、数字机床等新兴数

大庆油田

重庆发电厂

武汉钢铁厂

河南洛阳拖拉机厂

图 2-145　"一五"时期苏联援建的部分工业项目

（图片来源：视觉中国）

字化技术被广泛引入工业生产；另一方面，城市化过程中土地、资源、人力等客观条件对工业化发展的限制逐渐凸显，绿色智能工厂逐步兴起。不同年代的工业建筑如表 2-8 所示。

表 2-8　不同时期工业建筑特点

| 序号 | 时间 | 建筑结构特点 | 代表性建筑 |
|---|---|---|---|
| 1 | 19 世纪 40 年代—20 世纪中叶 | 铸铁梁柱、砖砌围护结构，立面风格古典建筑 | 金陵制造局[①] |

续表

| 序号 | 时间 | 建筑结构特点 | 代表性建筑 | |
|---|---|---|---|---|
| 2 | 20 世纪中叶—20 世纪70 年代 | 实用、经济、尽可能条件下注意美观，苏式风格 | 北京电子管厂② | |
| 3 | 20 世纪80 年代—21 世纪初 | 钢筋混凝土建筑、大跨度钢结构，科技与艺术结合，西方风格 | 上汽大众汽车有限公司安亭工厂③ | |
| 4 | 21 世纪初至今 | 新技术、新材料广泛应用，节能表皮，智能化工厂 | 特斯拉上海工厂④ | |

注：表中①④图片来源于视觉中国。

　②图片由陈渊鸿拍摄。

　③图片由上汽大众汽车有限公司供图。

　　我国由新中国成立初期一穷二白发展为全球第一制造业大国，建立了完备的工业体系，成为经济腾飞不可缺少的一部分。据统计，我国工业增加值从 1952 年的 120 亿元增加到 2018 年的 30 多万亿元，年均增长 11%。2018 年，我国制造业增加值占全世界的 28% 以上，成为驱动全球经济增长的重要引擎。

　　以钢铁行业为例，新中国成立初期我国钢铁工业基础薄弱，1949 年，粗钢年产量仅 15.8 万 t，占世界钢铁总产量不到 0.1%，2018 年增加到 92 801 万 t，增长了 5872 倍，产量占世界比重达 51.3%，位列世界第一。

　　在工业生产规模发展的同时，我国工业建筑建设同步蓬勃发展。到 2017 年底，我国建筑竣工面积累计 555.79 亿 m²，其中工业建筑面积约占全国总面积的 16%。工业建筑建设规模和固定资产规模巨大，从 1950 年约 0.6 亿 m² 上升到 2017 年的 88.30 亿 m²（图 2-146、图 2-147）。

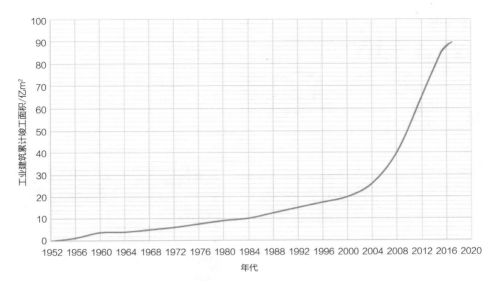

图 2-146 工业建筑累计竣工面积（1952—2017 年）

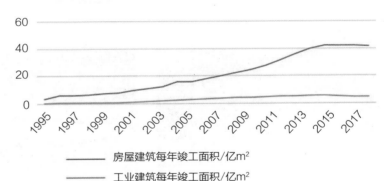

图 2-147 房屋建筑及工业建筑竣工面积（1995—2017 年）

在社会快速发展的同时，人们对于绿色、科技、人文的关注度逐步提升，科学技术进步带动工业建筑建造方式向数字化、绿色化、工业化飞速发展。一方面，工业建筑建造方式由设计图纸表达，大量劳工的体力劳动变成数字化、工厂化作业，及现场组装的绿色高效方式（图 2-148）；另一方面，工业建筑除了功能和效率方面提升，还被赋予了绿色、科技、人文等新的内涵，工业建筑不仅承担生产功能，也成为人类社会文化、生活的重要载体（图 2-149）。

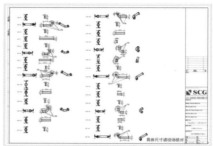

二维图纸设计到数字化设计

（图片来源：陈渊鸿 制）

现场浇筑到工厂预制

（图片来源：杨佳林 摄）

图 2-148　工业建筑建造技术发展

绿色工厂光伏发电

高端芯片智能生产线

北京朝阳区"798"街区
图 2-149 绿色化、科技化与人文化发展代表型工业建筑
（图片来源：视觉中国）

　　进入 21 世纪，中国传统工业的发展仍任重道远，但毫无疑问我们已经步入智能化社会，大数据、5G、人工智能（AI）等技术给中国现代工业带来了巨变，在传统工业中发展智能制造、进行产业智能化升级已是大势所趋。2017 年 3 月 5 日的政府工作报告提出深入实施《中国制造 2025》，把发展智能制造作为主攻方向，深入实施工业强基，推动中国制造向中高端迈进。如今，一系列举世瞩目的成就令世人真切感受到中国现代工业和制造业的飞速发展（图 2-150）。

国产大飞机 C919

"复兴号"高铁

图 2-150　典型中国智造产品

（图片来源：视觉中国）

中国制造正逐步摆脱"世界工厂"低附加值的符号，以数字化、智能化为核心的工业 4.0 时代已经到来，我国工业建筑伴随着"智造中国"将成为中国工业由大到强，实现跨越式发展，在创新和综合竞争力方面进入世界前列的新名片。

## （一）保障民生：科技创新，建设绿色工厂

进入 21 世纪，随着我国绿色化转型和生产文明建设的大力推进，绿色发展的理念和内涵在全国各行各业的实践过程中不断深入和丰富。工业建筑作为工业生产活动的基础设施，为工业生产提供必要的室内、室外环境和相关配套条件，其自身的节能减排和绿色化发展也不可忽视，建设符合"资源节约环境友好型"和"可持续发展"理念，并可满足工艺生产及使用者需求的绿色工业建筑，对开展节能减排、落实绿色转型具有重大意义。

工业建筑涉及行业众多，通过分析总结，工业建筑绿色化技术实践中普遍具有以下几个特点：

1. 利用绿色技术，实现节能环保

目前工业建筑常用的绿色化技术包括回收余冷余热，使用热电生产，

收集回用雨水，回用生产废水，危害规范处理，控制毒害物质，利用屋顶空间，建设光伏系统等。

2. 注重工艺改造，促进节能减排

对原始的、较为复杂的工艺进行一定调整，减少不必要的资源浪费，如引入先进工艺技术、提高生产率及大幅节约工厂占地面积。

3. 结构改造升级，杜绝安全隐患

对单层或多层工业厂房进行全面结构优化，注重结构空间的利用，如建立高架立体仓库、提高物流管理；在层与层的高度或其他方面减少建筑能耗；在工业建筑安全隐患地带，如厂房结构的交界处进行构件的加固，减少发生事故的概率。

作为国内具有重要影响力的汽车合资企业，一汽 – 大众汽车有限公司（简称"一汽 – 大众"）始终坚持将"保护环境，践行可持续发展"作为企业战略选择和社会责任，将绿色工业建筑作为基本要求，在青岛、天津、佛山等生产基地全面推广绿色建筑，目前已有多个整车制造厂房取得国家绿色工业建筑三星级设计或运行标识（图 2-151、图 2-152）。

图 2-151 一汽 –
大众华北天津基地
总平面图
（图片来源：一汽 –
大众）

图 2-152 一汽-
大众长春基地总平
面图
（图片来源：一汽-
大众）

一汽-大众汽车厂房整体绿色建造过程中，始终秉承"因地制宜、开源节流、被动优先"的基本思路，配合能耗计量系统、自动控制系统等管理手段，充分降低建筑能耗。

在围护结构建造中，结构通常采用两侧水泥砂浆加中间彩钢夹芯板层的复合式墙体形式。除保温隔热设计外，在建筑立面设计时，确定外墙色彩因地制宜；佛山、重庆等南方地区厂房以白色和浅灰色为主，用以增大外表面的太阳反射系数，减少夏季日照热量；北方青岛工厂则兼顾冬季得热需求，采用深灰色的立面颜色（图 2-153、图 2-154）。

图 2-153 浅色外
墙立面设计
（图片来源：视觉
中国）

图 2-154　深色外墙立面设计

（图片来源：视觉中国）

在改善工厂室内大空间自然采光和自然通风效果上，天窗的作用十分明显。一汽－大众根据实际情况，设计了各类屋顶天窗。如长春生产基地的奥迪总装车间，厂房大面积使用了漫反射玻璃，可以充分利用自然光照明，仅此一项就可以节省约 2/3 的照明用电（图 2-155）。佛山工厂的屋顶设置了电动采光排烟窗，采用单元组合式，每个标准单元的尺寸为 4.0m×2.6m，根据不同厂房屋顶面积和实际的采光需求确定单元组数。

图 2-155　工厂天窗设计

（图片来源：视觉中国）

一汽 – 大众根据实际情况，在绿色照明设计上，深照型工厂灯被广泛应用在厂房照明灯具上，光源采用金属卤化物灯，节能型荧光灯灯具或 LED 光源用在车间工位局部照明（图 2-156）、部分通道照明、办公区域照明、平台下照明等位置。

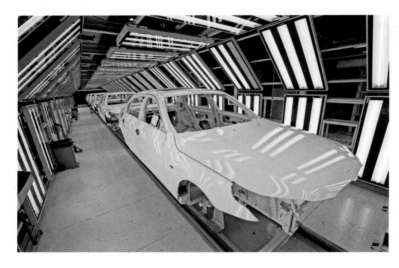

图 2-156 局部工位节能照明
（图片来源：视觉中国）

在厂房的空调系统设计上，一汽 – 大众除常规的高效空调机组外，各工厂结合自身特点，采取了诸多节能设计方法，主要有：（1）采用分层送风、工位送风的空调形式。根据功能和需求划分空调分区，厂房采用集中空调系统，办公区域多采用多联机系统。以成都工厂冲压车间为例，厂房内的风口布置于离地面 2.5m 处，采用分层送风形式，可有效降低空调负荷。（2）合理提高夏季空调室内设计温度。（3）应用排风热回收技术。

北京首钢大迁移项目是创建生态文明建设、创建绿色工厂的又一典范工程。2005 年 2 月 18 日，国家发展改革委批准首钢"按照循环经济的理念，结合首钢搬迁和唐山地区钢铁工业调整，在曹妃甸建设一个具有国际先进水平的钢铁联合企业"。作为首钢搬迁调整的重要载体，首钢京唐公司坚持"总体设计、科学布局、突出重点、创建一流"为原则，组织改善生态绿化环境，扎实开展土壤改良和环境治理等攻坚任务，坚定不移走生态文明发展道路，伴随着主体工程建设的同时，绿化环保工作也在同步跟进，取得了实效（图2-157）。

图2-157　首钢京唐公司厂区

（图片来源：视觉中国）

在苗木选择方面，主要选择了抗盐碱、抗污染和具有净化生态环境功能的树种，整个厂区乔、灌、草以及宿根花卉等相结合，整体布局突显艺术色彩。完成绿化面积约320万 $m^2$、种植大面积的地被植物以及147万多株乔灌木的一期绿化工程全线竣工后，沧海变桑田，盐碱变绿洲，首钢京唐的建设者们创造了一个又一个奇迹（图2-158）。

同时，公司采用了220余项国内外先进技术，打破国外技术垄断；联合研发顶燃式热风炉，风温1300℃，是世界最高水平；自主研发高炉—转炉界面"一罐到底"技术，为世界300t级大型转炉钢铁企业首家使用；自主创新"全三脱"炼钢工艺，打造出国内第一个高效率低成本的洁净钢生产平台。

图 2-158 首钢京唐公司厂区绿化

（图片来源：视觉中国）

通过搬迁调整，首钢的钢铁业真正实现了转型升级，产品结构实现了由低端向高端的转变：家电板、桥梁钢、车轮钢国内占有率位居第一，汽车板国内占有率位居第二，电工钢跻身世界第一梯队，新产品不断实现全球和国内首发。

## （二）迭代升级：工业互联，打造智慧工厂

随着科学技术的发展，我国制造业正由中低端向产业中高端转移，智能制造成为当代制造业的主题。2013 年，德国提出德国工业 4.0；2015 年，我国在《中国制造 2025》中明确提到，通过 30 多年努力，到新中国成立 100 周年时，使我国从制造大国发展成为世界一流制造强国。

制造业的升级进化和技术产业革命密切关联，从历史来看，全球制造业先后经历了机械化、电气化、信息化三个阶段，目前正步入以智能化为特点的第四个阶段，每一次技术变革对社会的发展均产生了翻天覆地的影响，智慧工厂的建设是步入工业智能化的关键一步（表 2-9）。

表 2-9　不同阶段技术产业革命工业化特点

| 阶段 | 时间 | 时代名称 | 生产模式 | 技术特点 |
|------|------|----------|----------|----------|
| 工业 1.0 | 18 世纪 60 年代 | 蒸汽时代 | 单件小批量 | 机械化 |
| 工业 2.0 | 19 世纪中叶 | 电气时代 | 大规模生产 | 标准化、批量化 |
| 工业 3.0 | 20 世纪中叶以后 | 信息化时代 | 柔性化生产 | 自动化、数字化、网络化 |
| 工业 4.0 | 21 世纪初至今 | 智能化时代 | 网络化协同 | 人、物、机互联，自动感知分析，自动决策执行 |

　　当前，我国工业正处于规模化发展向创新型高质量发展转变的关键时期，智能化是不可缺少的一环。为了在智能化时代取得先机，我国提出"新基建"发展战略，其中 5G 基站、大数据中心、人工智能、工业互联网均为数字工业必不可少的基础设施。智能工厂是建设工业强国的基石，经过多年发展，我国各行各业在智能制造领域均涌现了一大批世界级优秀民族企业，如通信领域华为，新能源汽车领域比亚迪，空调家电领域格力电器，新型电子制造领域京东方、华星光电等（图 2-159），成为我国民族工业发展的支柱。

华为松山湖研发基地　　　　　　　　　　京东方合肥生产线

图 2-159　我国部分代表性民族制造业企业

（图片来源：视觉中国）

　　以特斯拉上海超级工厂为例，该工程位于上海临港地区，占地超 86 万 m²，集研发、制造、销售等功能于一体，其中总装、涂漆、焊接等工艺均采用机器人生产线完成（图 2-160）。

图 2-160　特斯拉上海超级工厂
（图片来源：视觉中国）

和传统工厂建设不同，特斯拉超级工厂采用预制装配技术和 BIM 技术。使用 BIM 技术，相当于在电脑里"克隆"出一座虚拟工厂，排摸出所有施工难点并逐一解决，避免现场返工，节约工期。该工厂建设从 2019 年 1 月初奠基到 2019 年 10 月正式投产，用时不到 10 个月，创造了汽车工厂建设的奇迹。

智慧工厂采用以机械臂为主建立工业柔性智能生产线，依靠机械臂通过流水作业方式完成大部分工作，自动完成各个板件切割、造型、焊接、喷漆等工序，最后组装形成完整的汽车整件，大规模提高生产效率，减少技术工人。根据设计，该工厂全部建成运营后每年可生产 50 万辆纯电动整车。

智能制造是当前高端制造领域竞争的制高点，其中，新一代半导体制造行业是智能制造的又一典范。随着 5G、VR、4K 液晶显示、可穿戴设备等技术日趋成熟，高清液晶显示屏的需求蓬勃发展，该器件的生产技术难度高、技术更迭速度快、生产线建设一次性投入大，长期以来受三星、LG、夏普等日韩、我国台湾地区巨头公司垄断，我国大陆地区的液晶显示器生产技术长期以来处于跟跑地位。通过多年自主创新和核心技术研发，我国在第 6 代 OLED 面板生产技术等方面终于实现赶超，成为全球少数掌握该技术的国家。国内企业纷纷布局新一代显示器生产技术，开展生产线建设

（表 2-10），迅速形成规模优势。2019 年，我国新型 OLED 面板产能高达 460 万 m²，占全球 15%。

表 2-10　我国新一代 OLED 生产线建设情况

| 序号 | 企业 | 生产线规格 | 预计产能 /（万片 / 月） |
|---|---|---|---|
| 1 | 京东方 | 绵阳 6 代柔性生产线 | 4.8 |
| 2 | 京东方 | 成都 6 代柔性生产线 | 4.8 |
| 3 | 华星光电 | 深圳 t7：第 11 代超高清新型显示器件生产线 | 9 |
| 4 | 天马 | 武汉 6 代生产线 | 3 |
| 5 | 和辉光电 | 上海 6 代生产线 | 3 |

以华星光电（TCL）集团惠州模组整机一体化智能制造基地为例，作为高精度精密器件制造基地，其生产环节要求在密闭恒温的洁净车间完成，并利用自动化生产线进行生产（图 2-161）。该基地改变了以往不同生产阶段工艺分布在不同地区的情况，建立配件生产、组装、检测、配送、仓储一体化智能工厂，采用自动化管理理念和智能化装备及工艺技术，大幅提高了生产效率，降低了生产成本。

图 2-161　智能生产线

（图片来源：视觉中国）

目前，全国正建立大批高新技术产业园区，借助产业集群规模效应，加快推动制造业产业全面升级。例如，上海依托张江高新科技园区建立生物制药、集成电路、信息产业等产业链集群，形成全球科技创新战略高地，为实现我国工业的尖端关键技术突破创造了有利条件。

# （三）艺术人文：城市更新，传承历史文化

建筑是石头的史诗，建筑是人类文明的载体之一，这必然要求建筑在满足纯粹的物质功能需求外，还应满足相应的精神功能。在工业革命辉煌的成就中，工业建筑总是作为包容生产的"容器"，提倡建筑的标准化与机械化。在现代社会中，作为人类文明组成的工业与工业建筑，同样也肩负着继承和发扬的责任，工业建筑不再仅仅是生产活动的场所，也应作为传播文化的场所，在城市更新建设过程中发挥着重要作用。具体表现在工业建筑中加入面向公众的历史展览、爱国教育、技能培训等社会功能（图 2-162）。

上海光源　　　　　　八万吨简仓艺术中心　　　　北京首钢厂区
　　　　　　　　　　　（粮筒仓改建）　　　（改造为北京 2022 年冬奥场馆）
图 2-162　典型文化功能工业建筑
（图片来源：视觉中国）

参观过 2010 年上海世博会的人一定还记得坐落于浦西园区内的上海当代艺术博物馆。上海当代艺术博物馆建筑由原南市发电厂改造而来，它不仅见证了上海市工业到信息时代的城市变迁，也挥别了对能源无度攫取的过去，

其粗犷不羁的工业建筑风格更是为艺术家的奇思妙想提供了可能。

南市发电厂的历史沿革见证了上海城市工业文明的发展。1897年，清政府上海马路工程善后局在十六铺老太平码头创建了南市电灯厂，后于1918年成立上海华商电力股份有限公司，1955年定名为南市发电厂（图2-163）。随着工业技术及可持续城市发展的需求，南市发电厂已退出历史舞台。对其加以改建利用，既可实现对工业遗迹的尊重和保护，又可充分体现节能减排、节约办博的理念。

图2-163 上海南市发电厂
（图片来源：房超珺 摄）

改建后的南市发电厂主厂房作为2010年上海世博会的主题展馆之一"城市探索馆"及城市最佳实践案例报告厅，通过独特的展示内容及方式，向人们诠释全新的生态城市生活方式与发展模式。作为国内第一栋由老厂房改建的三星级绿色建筑，南市发电厂改建工程中进行了多项绿色建筑技术的集成应用。

结合"四节约，一环保"展开工程绿色化改造，并结合项目特色进行主动式导光系统、LED照明、太阳能及风力发电、绿色建材、阻尼结构加固、自然通风、江水源热泵、中水回用等关键技术集成（图2-164）。

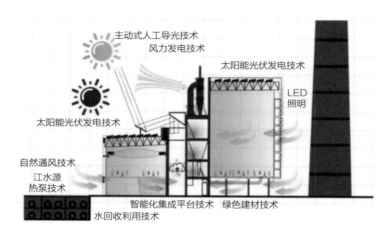

图 2-164 上海南市发电厂改造关键集成技术

（图片来源：孙婷制）

采用主动式人工导光技术，在主厂房中央结合保留设备和管线设置中庭，中庭顶部设天窗，实现室内的自然采光，利用定日镜跟踪太阳，将阳光经过反射转变为精确的垂直光，然后通过一组特殊设计的锥形反射镜组将垂直光部分转化为水平漫射光，从而实现建筑内部的自然采光，有效地减少室内人工照明用量。在厂房核心部位形成集生态和景观效应于一体的"生态光谷"（图 2-165）。

在可再生能源利用技术中，光伏系统工程的技术定位、方案选型、一体化设计方面均考虑了其他场馆的技术特色。基于主厂房屋顶平面呈由南向北逐级升高的阶梯状形态，建筑自遮挡少的特点，采用了光伏建筑一体化（BIPV）系统技术，该系统集成了高效单晶硅、刚性非晶硅、透光薄膜等多种电池（图 2-166）。

南市发电厂主厂房改建工程遵循从"保护"到"利用"的可持续性改造策略，在延续原电厂能源中心理念的同时，集成并展示先进的绿色建筑技术，将百年的老工业厂房打造成三星级绿色建筑，不失为对"绿色世博、科技世博"理念的完美阐释。

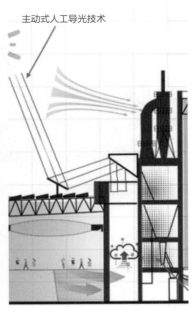

主动式人工导光技术

图 2-165　上海南市发电厂生态中庭主动式导光技术

（图片来源：孙婷制）

图 2-166　上海南市发电厂改造应用的太阳能光伏组件

（图片来源：房超珺 摄）

　　北京 798 艺术区是又一个老工业区改造和工业遗产重塑再利用的范本。艺术家在改造厂房时特意保留了墙壁上"文化大革命"时期的朱红标语以及部分工业机械部件。充满创意的当代艺术作品与工厂机械等历史痕迹相映成趣，仿佛展开一场跨越时空的"对话"（图2-167）。

图 2-167　北京 798 艺术区

（图片来源：视觉中国）

北京 798 艺术区所在地，原为 20 世纪 50 年代由国外援建的北京华北无线电联合器材厂，后来大量厂房闲置。20 世纪 90 年代末，为进行抗战群雕的艺术创作，中央美术学院的教师租下部分厂房，如今，这里 23 万 m² 的建筑里，已接纳 390 余家中外文化创意产业机构。

在艺术区改造过程中，首先对旧厂房的结构进行改扩建，利用建筑良好的可塑性和使用性，延展内部空间，进行功能完善，使其能够接纳更多不同类型的艺术产业。例如索卡艺术中心就是在原建筑基础上加建，在对外墙进行改造并加建后增加了约 20m²，打造出新门厅（图 2-168）。其次，对建筑外墙进行不同风格改造设计，根据租户需求进行建筑外形改造，与风格不同的艺术家工作室以及艺术机构结合起来，成为艺术园区独特的风景（图 2-169）。再次，对建筑内部空间进行再设计，在空间组织上通过对原有建筑空间以垂直或者水平等方式进行空间改造（图 2-170）。除了以上对厂房建筑的改造外，在园区的公共景观和规划设计上也进行了局部改动。

图 2-168　索卡艺术中心入口
（图片来源：视觉中国）

图 2-169　建筑外墙改造
（图片来源：视觉中国）

图 2-170　内部空间分割
（图片来源：视觉中国）

　　北京 798 艺术区的独特魅力吸引了世界的目光。欧盟委员会前主席巴罗佐、德国前总理施罗德等都曾造访这里。西班牙国际文化艺术基金会理事长夏季风说："798 艺术区已承担起中国当代艺术创作的巨大功能。"

# 十一、交通枢纽　飞速发展

　　新中国成立初期，我国交通基础设施十分落后，铁路里程仅2.18万km，公路8.07万km，码头泊位161个。改革开放初期，我国铁路营业里程达到5.17万km，公路通车里程达到89万km，民航线路和油气管道基本上是从无到有。改革开放40多年来，交通运输发展突飞猛进，1988年，第一条高速公路——沪嘉高速公路建成通车；2008年，我国第一条高速铁路——京津城际铁路建成通车；中国交通实现了从"无路"到"有路"到"畅通"的跨越。

　　近年来，中国交通发展取得历史性成就，发生历史性变革，基础设施网络规模居世界前列，进入高质量发展的新时代。根据国务院新闻办公室于2020年12月22日发布的《中国交通的可持续发展》白皮书，截至2019年底，我国交通快速发展情况见表2-11。港口货物吞吐量和集装箱吞吐量均居世界第一；中国在建和在役公路桥梁、隧道总规模世界第一；世界最高的10座大桥中有8座在中国；世界单条运营里程最长的京广高铁全线贯通；世界首条高寒地区高铁——哈大高铁开通运营；大秦重载铁路年运量世界第一；世界上海拔最高的青海果洛藏族自治州雪山一号隧道通车。

　　交通枢纽是交通运输系统的重要组成部分，是交通网络运输线路的交会点，是由若干种运输方式所连接的固定设备和移动设备组成的整体，承担着所在区域的直通作业、中转作业、枢纽作业以及城市对外交通的相关作业等功能。交通枢纽是由复杂的交通设备与建筑组成的群体，一般由车站、港口、机场和各种线路以及为完成装卸、中转、各种技术作业所需的设备等组成。

表 2-11　中国交通发展情况

| 交通方式 | 1949 年 | 1978 年 | 2019 年 |
|---|---|---|---|
| 铁路总里程 / 万 km | 2.18 | 5.17 | 13.9 |
| 公路总里程 / 万 km | 8.07 | 89 | 501.3 |
| 码头泊位 / 个 | 161 | 735 | 23 000 |
| 民航机场 / 个 | 0 | 78 | 238 |
| 油气长输管道总里程 / 万 km | 0 | 0.83 | 15.6 |

交通枢纽的形成和发展须具备一定的自然条件、交通条件、社会经济条件。在社会经济发展较好的区域，由增长极带动，经济沿着主要交通线路向外扩散，经济中心成为交通线路的主要交会处，逐渐形成交通枢纽的雏形。随着公路、铁路、水运、航空和管道等多元化交通方式的出现，单式交通枢纽也演变成综合交通枢纽。随着社会经济和科学技术的持续发展，人们对出行便捷的需求持续提升，交通枢纽的空间布局逐步走向合理化，服务空间和功能逐渐完善，更加立体化和系统化，综合交通枢纽朝着一体化发展。综合交通枢纽的一体化发展，关键在于打造无缝衔接、零距离换乘换装的综合客货运输枢纽，以推动不同交通方式之间运营组织与管理、客货运输服务等方面的一体化。综合交通枢纽的快速发展，对于构建便捷、安全、高效的综合交通运输体系，支撑国民经济和社会发展，方便广大人民群众出行，提升国家竞争力具有战略意义。

随着社会经济的不断发展以及交通运输条件的不断改善，全国各地正兴起交通枢纽建设的热潮。2021 年 2 月，国务院提出建设综合交通枢纽集群、枢纽城市及枢纽港站"三位一体"的国家综合交通枢纽系统。建设面向世界的京津冀、长三角、粤港澳大湾区、成渝地区双城经济圈 4 大国际性综合交通枢纽集群。加快建设 20 个左右的国际性综合交通枢纽城市以及 80 个左右的全国性综合交通枢纽城市。推进一批国际性枢纽港站、全国性枢纽港站建设。

伴随着交通枢纽的大规模建设，涌现了大量以高铁站和航站楼为代表的大型交通枢纽建筑。这些建筑结构通常具有建筑面积大、设计功能先进、造型复杂多变等特点，多采用大空间、大跨度钢结构等结构形式。

# （一）铁路枢纽：见证中国时代新发展

### 1. 武汉站：九省通衢，千年鹤归

武汉位于长江和京广铁路的交会点，历来被称为"九省通衢"之地，是中国内陆最大的水陆空交通枢纽。它距离北京、上海、广州、成都、西安等大城市都在 1000km 左右，是中国经济地理的"心脏"，具有承东启西、沟通南北、维系四方的作用。

武汉站位于湖北省武汉市洪山区，是亚洲规模最大的高铁站之一，毗邻武汉三环线，是京广高铁的重要车站（图 2-171、图 2-172）。2009 年 12 月 26 日，武汉站正式启用。武汉站总建筑面积 35.5 万 $m^2$，站场规模为 11 台 20 线，是我国第一个上部大型建筑与下部桥梁共同作用、"桥建合一"的新型结构火车站，实现了高速铁路、地铁、公路三者的无缝衔接。

图 2-171　武汉站
（图片来源：视觉中国）

图 2-172　武汉站
大厅
（图片来源：视觉
中国）

　　桥建合一式站房结构体系是指铁路站房由站房建筑结构与铁路桥梁结构两部分组成，且站房建筑结构与铁路桥梁结构互相联系、融为一体的一种桥建组合结构体系。一方面，建筑结构与铁路桥梁结构之间部分构件相互独立、保持各自应有的特性；另一方面，部分结构构件还密不可分、相互间存在力的传递。武汉站、广州南站均采用桥建合一式的站房结构体系，铁路桥梁结构承载了巨大的站房荷载，且多以集中荷载的方式作用于桥梁结构上，铁路桥梁结构设计极其复杂，其关键技术要求上下结合、巧妙布局，使站房结构的荷载直接传至桥墩上，并合理控制铁路桥梁桥墩变形对站房结构的影响。

　　武汉站站房内铁路高架层为 10 座平行布置的特大铁路高架桥，20 条高速铁路线路布置在 10 座铁路高架桥之上。武汉站的中央站房结构、楼面结构、雨棚结构和附属结构均为钢结构。

　　武汉站采用了许多建筑节能设计手段，通过地源热泵装置使站房达到冬暖夏凉，平均节能 30%；屋顶装有光伏发电装置，可以满足站内 1/2 的照明用电；采用了智能照明控制系统，根据自然光源和人流密集程度，智能控制灯具开关和照度调节；采用了聚碳酸酯的半透明屋面采光板，有效地引入了自然光线，节约了能源。

2. 广州南站：芭蕉层叠，绽放珠江

广州古称番禺或南海，中国南大门，是华南最大的交通枢纽，地处广东省南部，珠江三角洲的北缘，濒临南中国海珠江入海口，毗邻港澳，地理位置优越。

广州南站位于广州市番禺区，2004 年 12 月 30 日动工建设，2010 年 1 月 30 日投入使用（图 2-173）。广州南站总建筑面积约 66.2 万 $m^2$，其中站房总建筑面积 48.65 万 $m^2$，地铁 4.95 万 $m^2$，客运用房 21.02 万 $m^2$，无站台柱雨棚 11.13 万 $m^2$，地下室 11.75 万 $m^2$，地面停车场 4.75 万 $m^2$，是我国建筑面积最大的高铁站，站场规模为 15 台 28 线，采用桥建合一的体系，结构柱直接落在桥梁梁部。车站共有 5 层，地上 3 层，地下 2 层。地上三层是高架层，为主要的旅客候车区域以及直通车旅客出境联检厅，西侧设有高架车行平台，可联通至高速公路；地上二层为站台层，距地面 12m，东侧设高架车行平台和专用停车场；地面首层主要为站台层，设客专和城际旅客出站厅、城际旅客进站厅、直通车旅客入境联检厅、售票厅、四电及设备用房、地面停车场以及出租车上客区；地下一层为交换大厅、出站通道和出租车待客区，设备用房中央为地铁车站站厅层、两侧为停车场和空调机房；地下二层为地铁 2 号线、7 号线、FS3 号线站台层。东广场地下预留地铁 12 号线的车站，设通道与既有地铁车站连接。

站房内铁路高架层共 28 股道。屋顶钢结构采用了索拱、索壳、三向张弦拱等新结构，大量使用了预应力技术。屋面采用 ETFE 膜结构，强度高、化学性能稳定、耐热性好、耐燃性好，还具有良好的采光节能效果，透光率高达 95%，可以满足建筑内部自然采光（图 2-174、图 2-175）。

图 2-173　广州南站
（图片来源：视觉中国）

图 2-174　广州南站场道
（图片来源：视觉中国）

图 2-175　广州南站钢结构
（图片来源：视觉中国）

广州南站功能完善，节能环保，大量采用自然采光通风，减少空调系统能耗；站房内大量使用的自动扶梯采用变频控制技术降低运转能耗；建筑内人工照明灯光采用感光调节技术；利用大面积屋面布设了约4200m²的太阳能板，在遮光的同时又可发电。

3. 天津西站：百年老站，沉淀历史

天津地处中国北部、海河下游、东临渤海，是中国北方最大的港口城市，位于海河五大支流南运河、子牙河、大清河、永定河、北运河的汇合处和入海口，素有"九河下梢""河海要冲"之称。

天津西站位于天津市红桥区，始建于清宣统元年（1909年）8月（图2-176）。2009年9月，天津西站老站房搬离原址，老候车楼采用滑动摩擦平移方法平移至西站新站房东侧。老站房是一座砖木混合结构的3层建筑，建筑面积2058m²，占地930m²，东西长37.24m，南北宽31.42m，高约25m，总重量约5500t，这是天津市首例砖木结构建筑的平移工程，平移完成后的西站老站房作为铁路博物馆永久保留，成为这一地区的标志性建筑（图2-177）。

图2-176 天津西站老站房
（图片来源：视觉中国）

图 2-177　天津西站老站房平移
（图片来源：韩振勇 摄）

　　新的天津西站建筑总面积达 18 万 m²，其中站房总建筑面积 10.4 万 m²，雨棚 7.6 万 m²，站场规模为 13 台 26 线，站房主体结构为地上 2 层、地下 3 层，从上至下分别为 10m 高架进站层、0m 地面站台层、-12m 地下出站层（地铁换乘厅层）、-18m 地铁 6 号线站台层、-24m 地铁 4 号线站台层。屋面结构体系为联方网格型单层网壳拱形结构，施工中采用整体提升技术（图 2-178）。

图 2-178　天津西站
（图片来源：视觉中国）

天津西站从工程构造到技术设备均采用了较高标准的节能措施，体现了节能减排的理念。首次将 LEED 评价标准引入铁路客站设计中，提出了高大空间室内环境设计理念和方法；大型采光屋面结构与玻璃幕墙使室内白天无需电力照明；高架检票区域设置特质玻璃地坪，以便下部站台层获得自然采光；站台雨棚敷设非晶硅薄膜电池组件，实现光伏发电与建筑一体化；采用燃气冷热电三联供系统，以能源梯级利用的方式提高能源利用效率，能源利用率提高到 120%。

4. 北京南站：携手奥运，焕新出发

北京作为我国政治中心、文化中心、国际交往中心、科技创新中心，其交通枢纽功能的重要性不言而喻。

北京南站，位于北京市丰台区，是北京面积最大、接发车次最多的火车站。北京南站始建于 1897 年，2006 年 5 月 10 日，老北京南站正式开始封站改造。2008 年 8 月 1 日，随着京津城际铁路开通而正式重新启用。北京南站建筑面积 42 万 m²，共分 5 层，地上 2 层，地下 3 层，依次为：高架候车厅、站台轨道层、换乘大厅、地铁 4 号线和地铁 14 号线站台，站场规模为 13 台 24 线，实现了地铁、高铁、公交等多种交通方式的无缝连接和零换乘。

站房外形为椭圆结构。北京南站钢结构工程主要由中央站房、雨棚和高架桥三部分构成，总用钢量达 6.5 万 t，施工中采用重型吊车高空散拼的方法。

北京南站中央屋面采用光伏发电一体化系统，安装太阳能电池板 3264 块，总功率 245kW，创造了国内面积最大的公共建筑安装光伏发电系统；此外，北京南站还采用了热电冷三联供技术，以燃气涡轮发电机为能源中心，充分利用燃气发电机产生电能后排出的余热，通过余热烟气吸收式冷温水机组直接进行制冷或制热，使天然气的最高使用效率从 35% 提高到 90% 以上，体现了"绿色、科技、人文"的北京奥运三大理念，具有在全社会倡导节能环保的功效，成为公众示范建筑（图 2-179）。

图 2-179　北京南站
（图片来源：视觉中国）

## （二）航空枢纽：强化国际竞争优势

### 1. 广州白云国际机场：空中丝路，鲜花待放

广州白云国际机场是大型国际航空枢纽机场、珠三角机场群的核心机场，是中国三大门户复合枢纽机场之一。

广州白云国际机场目前拥有两座航站楼，建筑面积共 140.37 万 $m^2$，其中 T1 航站楼建筑面积 52.3 万 $m^2$，2000 年 8 月动工，2004 年 8 月启用；T2 航站楼建筑面积 88.07 万 $m^2$，2013 年 2 月动工，2018 年 4 月启用；2020 年 9 月 27 日，三期扩建工程开工，主体工程包括 2 条新建跑道、42 万 $m^2$ 的 T3 航站楼和超过 190 个机位的机坪。扩建工程完工后，T3 航站楼将是白云机场集航空、公路、铁路（城轨）于一体的多方式联运的交通综合体（图 2-180）。

图 2-180 广州白云国际机场
（图片来源：视觉中国）

T2航站楼采用"前列式＋指廊式"的平面布局，建筑群由主楼、北指廊、东西连接廊、东五东六指廊和西五西六指廊组成，东西向长1088m，南北向宽597m，地下1层，地上3层，局部4~5层。主体结构采用的是钢筋混凝土框架结构，屋顶采用的是大跨度钢网架结构，屋面采用檩条支承的铝镁锰金属屋面系统。采用现浇后张法预应力混凝土，有效地控制了较大面积混凝土的裂缝，提高混凝土结构的耐久性。航站楼主楼结构屋盖长560m，宽174m，跨度54m，建筑最高43.5m，采用局部带四层加强肋的双层钢网架结构，并采用了楼面分块拼装、液压整体提升的施工方法。

T2航站楼采用各种绿色节能设计措施，取得国家"三星级绿色建筑设计标识证书"。通过理性的热环境分析、合理的自然采光、组织自然通风、高效的太阳能利用、节能舒适的遮阳设计，使项目成为绿色航站楼建筑的典范。

2. 深圳宝安国际机场：中国硅谷，使命必达

深圳是中国设立的第一个经济特区、全国性经济中心城市和国际化城市，是中国拥有口岸数量最多、出入境人员最多、车流量最大的城市。

深圳宝安国际机场是中国境内第一个实现海、陆、空联运的现代化国际空港，也是中国境内第一个采用过境运输方式的国际机场，是中国十二大干线机场之一，是仅次于北京、上海、广州的中国第四大机场。

深圳宝安国际机场 T3 航站楼主体工程自 2010 年 2 月 25 日开工，2012 年 11 月底完工（图 2-181）。航站楼由航站楼主楼和十字指廊组成，总建筑面积 45.1 万 $m^2$，南北长约 1128m，东西宽约 640m，建筑物高 46.3m，地下 2 层，地上 4 层（局部 5 层），主体结构为钢筋混凝土框架结构，屋顶采用自由曲面的钢结构，钢结构为带双向加强折架的斜交斜放双层网壳，展开面积约 23 万 $m^2$。因网壳面内刚度较大且网壳较长，为减小屋顶的温度内力，除在屋顶侧面开洞的加强桁架处设置固定铰支座外，其余支座沿网壳纵向布置弹簧支座。弹簧支座能减小由于屋顶分块和混凝土分块不对应，下部混凝土和上部网壳变形不一致造成的上、下部相互影响。为限定地震作用下结构沿长向的位移，在加强桁架支座附近安置了速度相关型黏滞阻尼器。屋面网架按照结构特点，结合现场施工条件，综合采用单元吊装法、分块提升法、高空散件安装法进行施工。

图 2-181　深圳宝安国际机场

（图片来源：视觉中国）

　　蜂巢屋面是本工程的设计重点，蜂巢屋面系统是由透光部位的玻璃单元及不透光部位的金属板单元组成的空间复杂的三维蜂巢造型，支撑骨架采用钢管组成的空间多边形钢管框架。整个屋面分布有 25 000 多个蜂巢单元，每个蜂巢板块之间存在不同角度，特别是指廊部分角度任意变化。为了满足建筑方案效果，主要钢框架采用钢管结构，骨架与支座连接采用活动可调机械螺栓连接，可以适应任意角度的变化（图 2-182）。

图 2-182　深圳宝安国际机场蜂巢屋面
（图片来源：视觉中国）

　　T3 航站楼建设中的一个亮点就是将节能环保的理念贯穿于各个环节中，采用独特的双层皮围护结构，外层为玻璃幕墙，通过 3 万多个天窗进行自然采光，有效降低了用电负荷；顶棚均为立体镂空铺设，在最大限度地利用自然光线的同时能巧妙地避免阳光的直射；安装的太阳能板块数达 16 060 块，成为全国首个光伏发电容量达到 10MW 的机场；供冷采用"电制冷 + 水蓄冷"的方式，对于电网的削峰填谷和能源的节约利用都起到了显著的作用。

　　3. 北京首都国际机场：塑造国门，连通世界

　　北京首都国际机场是中国三大门户复合枢纽之一，环渤海地区国际航空

货运枢纽群成员，世界超大型机场。

北京首都国际机场拥有三座航站楼，面积共计 141 万 $m^2$，其中 T1 航站楼 7.8 万 $m^2$，1974 年 8 月动工，1980 年 1 月 1 日启用；T2 航站楼 33.6 万 $m^2$，1995 年 10 月动工，1999 年 11 月 1 日启用；T3 航站楼 100 万 $m^2$，2004 年 3 月动工，2008 年 2 月 29 日启用。

T1 航站楼面积为 7.8 万 $m^2$，规模相对较小，仅有 10 个登机口，直到 1999 年，T1 航站楼仍是北京首都国际机场唯一的一座航站楼。

T2 航站楼主体 33.6 万 $m^2$，是当时国内最大的单体工程。T2 航站楼南北向平面呈工字形，长 747m，中央大厅最宽处为 121m，南北两端指廊东西向长 343m。地下局部 2 层，地上中央大厅为 3 层，南北指廊为 2 层，指挥塔楼为 5 层。主体结构为框架结构体系，按 8 度抗震设防，采取 9 度加强抗震措施。中央大厅屋架结构采用进口钢管制作的曲面空间无粘结预应力钢管屋架结构，跨度分别为 27m 和 36m，南北指廊采用进口钢管焊制曲线结构屋架（图 2-183）。

图 2-183　北京首都国际机场 T2 航站楼

（图片来源：视觉中国）

T3 航站楼位于 T2 航站楼东侧，由 3 号航站楼、停车楼以及交通中心两大功能区组成。其中 3 号航站楼分为 3 个单元：T3A 主楼、T3B 指廊和 T3C 国际候机指廊三个相对独立的区域，分区之间设旅客捷运系统（图 2-184）。

图 2-184 北京首都国际机场 T3 航站楼
（图片来源：视觉中国）

T3A 航站楼建筑平面呈南北向 Y 字形，总建筑面积约 51.5 万 $m^2$，是当时国内最大的单体工程。T3A 航站楼包括了所有国内和国际旅客使用的票务办理、行李分拣设施，以及供国内旅客出发、到达使用的空侧设施，地下 2 层，地上 5 层。地下二层为通用设备机房和行李分拣大厅，通过行李运输隧道与 T3B 连接。地下一层主要为航站楼运行管理控制中心、行李中控机房。首层主要为行李处理大厅、VIP、CIP 候机区、远机位候机厅、到港车道及通用设备机房。二层为到达旅客入港层，三层为旅客出发层，四层为值机大厅，五层主要为餐饮用房。主体结构为框架结构体系，按 8 度抗震设防，采取 9 度加强抗震措施，局部与支撑屋顶钢管柱交会处、柱转换梁、变形缝处采用型钢—混凝土组合结构。支撑屋顶共有 136 根钢管柱，屋顶为双曲面空间网架结构，总用钢量 1.1 万 t；网架以螺栓球节点为主，在内力较大处使用焊接球节点；网架在操作平台上采用高空散装法，安装精度可达厘米级。

T3B 与 T3A 建筑平面呈对称的人字形，总建筑面积为 38.7 万 $m^2$。建筑功能主要为国际旅客的出发和到达空间与设施。

T3C 国际候机指廊工程位于 T3A 和 T3B 航站楼之间，总建筑面积为 8.4 万 $m^2$，建筑平面呈一字形，由东楼、西楼及中央连接体组成。

这一时期随着国家综合实力的提升，航站楼建造使用的建筑材料大都实现了国产化，不再大量使用进口材料。航站楼的功能更加完善，机场信息系统达到高度集成和现代化，人性化服务功能齐全，自动步道布设合理，专设残疾人通道及卫生间、母婴卫生间，也更加注重绿色节能设计，采用了室内园林和自然采光的设计。

## （三）综合枢纽：彰显交通强国实力

### 1. 虹桥综合交通枢纽：复合国门，无限换乘

随着经济快速增长，以及新技术、新工艺、新材料的飞速发展，机场航站楼建设迎来了高速发展期。机场不再是单一的空中交通功能，而是综合航空枢纽，不仅具有航空、高铁、地铁、公交、长途汽车等一体化综合交通枢纽的功能，还需要具备旅客疏散、停车、商业、购物等功能。

虹桥综合交通枢纽是城市交通建设上的一大创新，它将航空、高速铁路、磁悬浮、地铁等多种交通方式结合在一起，不管是汇集的交通方式的数量还是规模，在国际上都是前所未有的（图 2-185）。虹桥综合交通枢纽具有高速铁路、磁悬浮、城际铁路、高速公路客运、城市轨道交通、公共交通、民用航空等各种运输方式的集中换乘功能，建筑规模超 120 万 $m^2$，日容纳旅客 100 万人次，支持不同交通方式之间多达 56 种换乘模式。

图 2-185　虹桥综合交通枢纽

（图片来源：视觉中国）

虹桥综合交通枢纽建筑综合体由东至西分别是虹桥机场 T2 航站楼、东交通中心、磁悬浮虹桥站、铁路虹桥站、西交通中心。东、西交通广场的建筑面积约 51.4 万 $m^2$，其中东交通广场共有 9 层，地下 2 层，地上 7 层；西交通广场主要是地下空间和地面广场。东、西交通广场是虹桥综合交通枢纽的重要组成部分，是公共交通的集散中心，分别配置了长途高速巴士、城市公交车站和专用停车库，停车位达 7000 个；目前先期实施的上海地铁 2 号线分别在东、西交通广场的地下设置东、西两个车站，分别通往航站楼和高铁站，旅客可以根据需要就近选择下车的车站，方便换乘。

上海虹桥（铁路）站总建筑面积约 44 万 $m^2$，于 2008 年 7 月 20 日正式开工建设，2010 年 7 月 1 日启用。北端引接京沪高速铁路、沪汉蓉高速铁路，南端与沪昆高速铁路接轨，与上海站、上海南站等车站一起，构成全国四大铁路客运枢纽之一。上海虹桥站是上海虹桥综合交通枢纽的组成部分，是华东地区最重要、规模最大的铁路客运枢纽，是一座高度现代化的中国大型高铁客运车站、亚洲超大型铁路综合枢纽。

　　上海虹桥国际机场共两个航站楼，总建筑面积 44.46 万 m²，2008 年 1 月动工，2010 年 3 月 16 日启用（图 2-186）。

图 2-186　上海虹桥国际机场
（图片来源：视觉中国）

　　T2 航站楼由航站主楼和候机指廊组成，地下 1 层，地上 3 层。屋面面积近 10 万 m²，屋面分为混凝土屋面及钢结构屋面，钢结构屋面采用张弦梁结构。

　　虹桥综合交通枢纽是世界最大的综合交通枢纽之一，也是我国首个有机整合高铁与民航两种高速客运方式的综合交通枢纽，不仅服务于上海市，也将辐射整个长三角城市群，使长三角地区实现基于虹桥综合交通枢纽的空铁联运。

　　2. 北京大兴国际机场：筑巢引凤，振翅高飞

　　北京大兴国际机场位于北京市大兴区及河北省廊坊市广阳区之间，规划终端的旅客容量目标为每年一亿人次以上，将与北京首都国际机场形成协调发展、适度竞争、具有国际竞争力的"双枢纽"机场格局，推动京津冀机场建设成为世界级机场群。

　　北京大兴国际机场作为现代化的综合立体交通枢纽，实现了公路、轨道交通、高速铁路、城际铁路等不同运输方式的立体换乘、无缝衔接。北京大兴国际机场航站楼的建设标志着国内的航站楼进入新的阶段，它是世界上最大的单体航站楼，世界首个实现高铁下穿的机场航站楼，世界首个双层出发双层到达、

实现便捷"双进双出"的航站楼，世界最大的层间隔震建筑。2018 年 4 月 30 日，中央电视台《新闻联播》报道称："北京新机场主航站楼为解决工程技术领域的世界性难题提供了'中国方案'"。

航站楼由旅客航站楼、换乘中心、综合服务楼与停车楼三部分组成，总建筑面积达 143 万 m²，超过北京首都国际机场 T3 航站楼。航站楼构型设计创新采用多指廊中心放射构型，近机位容量大，旅客步行距离短；高铁、城际铁路和城市轨道交通穿越航站楼，实现旅客便捷高效交通换乘（图 2-187）。航站楼功能核心区平面尺寸达 565m×437m，是世界最大的超长超宽超大平面的无缝建筑单元（图 2-188）。因此，工程建造面临以下难

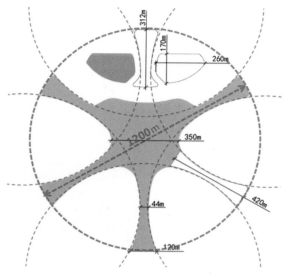

图 2-187　北京大兴国际机场航站楼构型设计

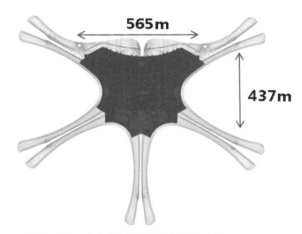

图 2-188　北京大兴国际机场航站楼功能核心区超大平面设计

钢结构提升

题：超大平面混凝土结构裂缝控制、航站楼轨道层与上部功能区柱网结构转换、列车高速穿越航站楼振动控制、超大平面结构大直径隔震支座设计及安装、超大平面大跨度异形钢网架安装及控制等。为解决上述工程建造难题，建筑施工单位研发了超大复杂基础工程高效精细化施工技术、超大平面物料运输系统、超大平面复杂空间曲面钢网格结构屋盖施工技术、超大平面混凝土结构施工技术、超大平面层间隔震体系综合施工技术、超大平面复杂结构测量控制技术、超大不规则自由曲面金属屋面施工技术、双曲面大吊顶施工关键技术、大型机场机电安装综合技术等成套技术，指导了工程优质高效地建造，为我们打造了一个新国门。

北京大兴国际机场航站楼核心区工程建筑面积约 60 万 m$^2$，地下 2 层，地上局部 5 层，主体结构为现浇钢筋混凝土框架结构，局部为型钢混凝土结构，屋面及其支撑系统为钢结构，屋面为金属屋面，外立面为玻璃幕墙（图 2-189）。楼前为双层的高架桥。航站楼核心区工程设计的一个特点就是隔震层设计。核心区 B2 层为轨道层，设有 5 条轨道 16 个站台，相当

图 2-189　北京大兴国际机场主航站楼

于北京火车站的规模，其中，京雄高铁的部分车辆将以不低于 200km/h 过站不停车，存在结构振动问题。隔震层的设计一方面降低了高铁振动影响，另一方面可使上部结构的抗震设防烈度降低 1 度，降低了工程建造成本。

北京大兴国际机场航站楼作为四型机场建设的范本，从规划建设阶段到投入运营阶段，始终深入贯彻"平安、绿色、智慧、人文"的核心理念，采用自然采光、智能照明、智能遮阳、辐射空调、机电一体化、IBMS 系统等绿色节能措施，成为首个荣获国家绿色建筑最高标准"三星级"和节能建筑"3A 级"双认证的工程（图 2-190）。

图 2-190 北京大兴国际机场航站楼内部（一）

图 2-190　北京大兴国际机场航站楼内部（二）

## 十二、建造方式　百年巨变

从 1949 年到 2021 年，我们见证了中国从贫穷到富有，从落后到辉煌。房屋的建造方式经历了悠久的历史变化，不断沉淀出日新月异的建筑成果。从土坯到红砖砌筑再到钢筋混凝土，从平房到高楼，房屋建造方式的变迁是时代发展的印记，也是岁月赠予人类的特殊礼物。

### （一）华灯初上：砖砌多层住宅解决居民基本住房需求

从新中国成立初期至 20 世纪 50 年代，由于我国计划经济体制的特点，居民住房几乎都是福利分房，国家全面负责住房建设和分配，政府成为住房的唯一建设和分配主体，集中力量解决了当时大中城市普遍存在的房源紧张问题，推进了住房福利的均等化，保证了城镇居民的基本住房需求，维护了社会稳定。这一时期我国住宅建筑也大多借鉴了苏联模式，规划设计主要采用居住区—街坊的规划模式，形成了一批简易楼、筒子楼等具有时代特征的住宅类型。这种类型的建筑通常采用砖砌体结构进行建造，虽然这种建造方式造价低、钢材水泥用量少，但抗震性能相对较差。

这一时期，比较典型的建筑是上海曹杨新村，它是新中国成立后兴建的第一个人民新村，住户都采用了集成居住的模式，住宅的主体结构采用了砖砌体进行建造（图 2-191），每排住宅由 3~4 个居住单元组成，每单元 2 层（1962 年加建为 3 层），每层 3 户人家，其中两家为一室户型（12m²），一家为一室半户型（18m²），3 家合用一间公共厨房（6.6m²）。

图 2-191 砌体房屋
（图片来源：视觉中国）

筒子楼也是计划经济的产物，它始建于 20 世纪六七十年代，一些机关、工厂和学校为解决职工住房紧张而兴建，是那个时代中国住房制度的一个真实缩影（图 2-192）。筒子楼由砖块和混凝土组合而成，是一种结构简单、造价较低的内廊式住宅形式，一条长走廊串连着许多个单间，因为长长的走廊两端通风，状如筒子，故名"筒子楼"。每层只有一个公用洗漱间，每个房间只有一窗一门，厨房就简易地搭建在门口的外边，旁边堆着蜂窝煤，所以在这个狭长阴暗的走廊中，常常会弥漫着混在一起的油烟味和煤球味。加之楼道狭窄黑暗，环境卫生极差，容易发生火灾，所以生活在这样的空间里，也会对人们的健康造成一定的伤害。

图 2-192　筒子楼
（图片来源：视觉
中国）

## （二）改革开放：预拌现浇技术显著提高住房建造效率

改革开放以后，住宅又进入了一个新的发展期，在设计标准提高和住宅个性化的市场需求下，随着施工技术的进步，越来越多地采用现浇钢筋混凝土结构，逐步代替了各类预制构件。20 世纪 80 年代中期开始在全国开展试点小区建设，也从规划设计理论、施工技术及质量、四新技术的应用等方面，推动我国住宅建设科技的发展。这一时期，建造方式主要采用现浇钢筋混凝土结构形式，建筑市场技术稳定，产品配套齐全，但施工现场用工用料量大，易产生较多建筑垃圾及粉尘（图 2-193）。

图 2-193　现浇钢
筋混凝土结构施工
现场
（图片来源：视觉
中国）

　　20 世纪 90 年代中后期，中国进入了商品住宅时代，住宅产品规划上加大了客厅、厨房、卫生间、阳台的面积，较高档次的住宅还将餐厅、书房、储藏室、卧室以外的居住空间大大扩展，人们多年来"楼上楼下，电灯电话"的梦想忽然就成为现实，这一时期主要采用现浇混凝土剪力墙结构的建造方式进行高层住宅的建设（图 2-194）。

图 2-194　现浇混凝土剪力墙高层住宅小区
（图片来源：视觉中国）

　　进入 2000 年，生活质量显得尤为重要，配套齐全的商品房成为老百姓挑选住宅的重要考虑因素，老有所医、老有所养得到保证，孩子也可以享受更优质的教育环境。在这一时期，房屋的建造方式主要采用预拌商品混凝土现浇的方式，大大提高了房屋的建造效率。随着现浇混凝土施工技术越来越成熟，出现了大量的高层、超高层建筑（图 2-195）。

图 2-195　超高层建筑
（图片来源：视觉中国）

## （三）转型升级：精益建造实现环保助推住房品质

　　近年来，随着国民经济的持续快速发展，人口红利逐渐消失，节能环保需求不断增加，特别是新冠疫情的暴发，中国的建筑业面临着巨大的人工成本压力，以及高危、生产效率低等一系列难题。建筑业作为我国支柱产业之一，在新时代也要加快推进从"中国速度"走向"中国质量"，从"中国产品"走向"中国品牌"。装配式建筑又迎来大发展的契机，它是建筑业供给侧结构性改革的重要方向，对提升建筑的质量和品质、解决人民日益增长的居住需求与发展的不平衡不充分之间的矛盾具有重要作用。

　　装配式建筑在建造过程中，运到工地的不再是零散的钢筋、混凝土、木材、保温板，而是在工厂里面预先生产好的一块块墙板、楼板、楼梯等"零件"，甚至设备机电管线、卫生间、厨房都可以在工厂生产好，这些"零件"运输到现场直接安装，工人们不再爬上爬下支模板、搭架子，而是在机械的配合下把这些"零件"像组装汽车一样组装成一栋栋楼房。相比传统现浇现场施工，装配式建筑把大量工作转移到了工厂，减少现场作业，无粉尘、噪声、污水污染，降低对周边的影响，而且部品构件采用先进的自动化生产线，作业环境相对稳定，产品质量更易保证（图 2-196）。

图 2-196　工厂自动化生产

（图片来源：中建科技集团有限公司）

工厂自动化生产

随着科技水平的不断进步，建造技术不断推陈出新，出现了多种多样的新型装配式建筑技术体系，比如"装配式模块化建筑体系""装配式钢和混凝土组合结构建筑体系""新型'干式'装配预应力框架结构体系"等。

在这次新冠疫情中，火神山、雷神山两座传染病应急医院采用的就是装配式模块化建造技术，创造了10天左右时间就能建成使用的"中国速度"，该技术将房屋的墙、板、柱等主体结构，厨房、卫生间等内装部品、机电设备等预先在工厂里批量生产，然后再运送到施工现场进行组装，建设周期大幅缩短，实现"闪建"（图2-197）。

图2-197　建设中的火神山医院
（图片来源：中国建筑）

装配式模块化建筑不仅在应急医院的建设中彰显了神威，还在学校建设中发挥了速度优势，能快速解决教育设施不足、建筑工人短缺的问题。例如，中建科技位于深港城市/建筑双城双年展（深圳）龙岗分展现场的"无限6未来学校"，自建成起一直广受业界专业人士的关注，在只有8名施工人员（含管理人员）的情况下，仅耗时10天就建成了。以"绿色、健康、共享、科技"为核心理念进行设计，用装配式建筑完美地呈现了对未来学校的设想（图2-198）。

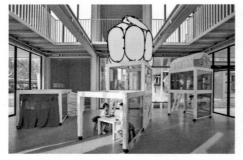

图 2-198 "无限 6 未来学校"
（图片来源：中建科技集团有限公司）

装配式钢和混凝土组合结构建筑体系，也在校园建筑中大展身手，中建科技承建的深圳坪山区实验学校南校区二期、竹坑学校和锦龙学校项目成功应用了该种技术，实现了从中标到正式开学仅用 11 个月的"闪电交付"速度，提供了 8100 个学位，解决了该地区学位紧张的难题，被地方政府高度评价为新时代的"闪建模式"（图 2-199 ~ 图 2-201）。

小知识

装配式模块化建筑：又称为可移动或可多次拆装房屋，每个房间作为一个模块单元，均在工厂中进行预制生产，完成后运输至现场并通过可靠的连接方式组装成为建筑整体，这种建筑搭建速度非常快，屋内设施在出厂时就已经调配完毕，到现场时只需要组合起来、接通水电就能马上投入使用。

图 2-199 深圳坪山区实验学校南校区二期
（图片来源：中建科技集团有限公司）

图 2-200 深圳锦
龙学校
（图片来源：中建
科技集团有限公司）

图 2-201 深圳竹坑学校
（图片来源：中建科技集团有限公司）

小知识

装配式钢和混凝土组合结构建筑体系：由钢材和混凝土两种不同性质的材料经组合而成的一种新型结构体系，主要包括预制钢筋混凝土柱、钢梁及叠合楼板。这些构件均在工厂里面生产好，直接运至现场进行组装施工，施工速度快。

提到快速建造，不得不说一种先进的建造技术——新型"干式"装配预应力框架结构体系，该技术可谓中国体系勇创国际领先，为解决装配式建筑发展瓶颈提供了"药方"，为全球行业发展提供了有益参考。该技术具有"快、省、好"的独特优势，不仅能实现"五天两层"的建造速度，还具有高抗灾性能、节能环保和成本经济等优点，经权威评价机构评定为"整体达到国际领先水平"。武汉同心花苑幼儿园项目、湖州某项目公寓办公综合楼等多个工程项目就采用了该技术，取得了较好的效果（图2-202、图2-203）。

图2-202　武汉同心花苑幼儿园
（图片来源：中建科技集团有限公司）

图2-203　湖州某项目公寓办公综合楼
（图片来源：中建科技集团有限公司）

建筑行业是世界上数字化程度最低、自动化程度最低的行业之一。在既有的现代化技术体系中，最有可能承担起建筑业革新重任的便是AI辅助建造机器人技术。将机器人技术应用到装配式建筑的各个环节，可以有效提高生产施工效率，实现智能建造（图2-204、图2-205）。例如：睿住优卡公司集成卫浴工厂智能瓷砖生产线，智能化水平高，机器人使用效果好，工艺流程先进，基本实现了无人工厂。在抗击新冠疫情行动中，因智能化程度高，人工少，实现了最早复工复产，表现优异。

> 小知识
>
> 　　新型"干式"装配预应力框架结构体系：由工厂一次性生产好的2层或3层通高的预制混凝土柱、预制混凝土梁及叠合楼板组成，梁和柱主要通过预应力钢绞线将二者连接在一起，具有较好的抗震性能。

工厂智能建造
机器人

图2-204 工厂智能建造机器人
（图片来源：中建科技集团有限公司）

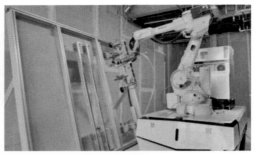

中建科技智能建造
机器人

图 2-205　中建科技智能建造机器人

（图片来源：中建科技集团有限公司）

目前已经研发出可用于建筑施工现场的施工作业环节智能建造机器人，它能够完成轻钢龙骨隔墙的装配，自动码砖、自动码地板以及水泥 3D 打印等施工作业。

> **小知识**
>
> 　　中建科技集团自主研发了国内首台全自动点云扫描质量检测机器人（图 2-206），可通过一键式操作，进行 360° 旋转扫描，以 360 000 点 /s 的扫描速率对室内 60m 范围内的建筑表面进行数据采集，实现测量数据 100% 覆盖，检测精度达到 2mm，检测效率提升 20 倍以上。该机器人已在中建科技长圳项目、生物医药加速器项目上成功应用，与传统方式相比，项目节省成本 95% 以上。

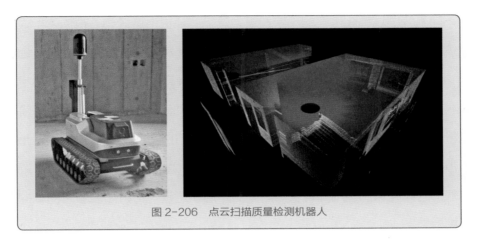

图 2-206　点云扫描质量检测机器人

从新中国成立至今的 70 多年时间里，我们见证了祖国从一穷二白到如今崭新的现代化面貌，从居住模式、住宅的建造方式、供应模式、分配模式乃至人们精神层面对于居住问题的观念和理解都发生了巨大的变化。可以说，新中国房屋建造方式波澜壮阔的发展历程是新中国伟大崛起的辉煌画卷中一个浓墨重彩的动人篇章。

# 十三、建筑机电　舒适安全

建筑机电是由暖通空调、给水排水、强电和弱电等系统构成，各系统一般由机房、管道及末端设备等组成，如人体的心脏、动脉及器官等。通过能量、信息等物质的传输与应用，建筑机电可以为人们在建筑中提供建筑设施的能源、舒适的环境、便捷的交通及智能的服务等，给人们的健康生活提供了必需的物质条件。

　　随着我国城镇化进程的不断推进，建筑能耗也迅速增长。根据清华大学建筑节能研究中心报告，我国民用建筑建造能耗从 2004 年的 2 亿 tce 增长到 2018 年的 5.2 亿 tce，其中 2018 年民用建筑建造能耗中，城镇住宅、农村住宅及公共建筑分别占 42%、14% 和 44%（图 2-207）；民用建筑运行能耗也大幅度增长，其中 2018 年建筑运行的总商品能耗为 10 亿 tce，约占全国能源消费总量的 22%（图 2-208）。由此可见，如何解决建筑室内舒适性与能源消耗和环境保护之间的矛盾，是建筑可持续发展所面临的重大挑战之一。

　　居民用电和智能化与人们的生产、生活息息相关。在新中国成立前，电力事业仅局限于城市，农村基本没有电力供应，没有形成全国或地区性的大型电网。到了新中国成立之初，电力才进入了广大人民的生活，得到真正的普及，在 2020 年，居民生活用电量已达 10 949 亿 kW·h，已建成高质量供配电网络，有效服务了民生。

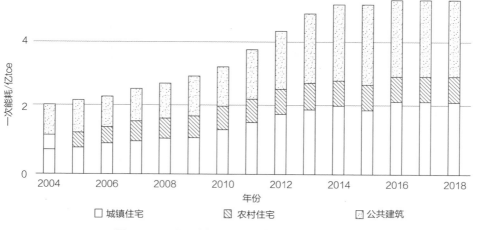

图 2-207　民用建筑建造能耗（2004—2018 年）

（数据来源：《中国建筑节能年度发展研究报告 2020》）

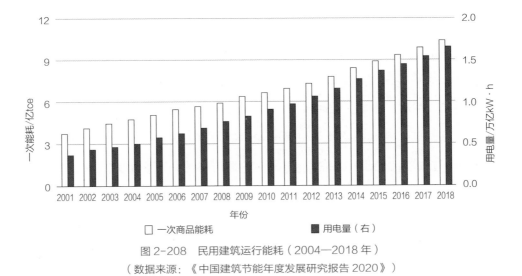

图 2-208　民用建筑运行能耗（2004—2018 年）

（数据来源：《中国建筑节能年度发展研究报告 2020》）

如今，人们已经步入信息时代，随着大数据、云计算、5G、物联网、互联网等各种信息技术的普及，人的智能潜力以及社会物质资源潜力得以充分发挥，智能化已经渗透到我们生活中的方方面面，信息资源日益成为重要生产要素、无形资产和社会财富。

## （一）高效能源：未来低碳社会新场景

随着我国城镇化的快速发展以及人民生活水平的不断提高，环境与能源的矛盾日益突出。因此，实施国家能源资源消费革命的发展战略，推进城乡发展从粗放型向绿色低碳型的转变，对我国城镇化的建设具有重要意义。建筑节能作为我国能源资源消费革命的重要组成，自 1980 年以来，节能 30%、50%、65% 的三步走战略目标已基本实现，减缓了我国建筑能耗随城镇建设发展而持续高速增长的趋势，取得了举世瞩目的成就。随着新时代社会发展的需要，未来建筑应向"零碳建筑"方向发展与推广。目前我国已通过大量科学实验和研究工作，建成并投入运行了多项示范工程，实现了我国建筑节能和低碳领域技术的重大突破。

作为建筑节能的重要组成部分，建筑能源应用系统主要由建筑供暖、空调、通风、给水、排水、照明及电梯等系统构成，包含热水锅炉、冷水机组、水泵、冷却塔、空调机组及风机等主要设备。这不仅为人们生活、工作及生产提供了建筑基础保障，同时也提出了建筑可持续发展的重大需求，即在保证建筑基本需求的基础上，如何提高建筑能源应用系统的能效、降低传统能源的需求量等。为满足上述重大需求，下面的案例为我们提供了建筑能源高效利用的新发展思路和未来的技术应用场景。

1. 办公建筑

中国建筑科学研究院近零能耗示范楼（图2-209），地上4层，建筑面积4025m²。为实现建筑能源高效利用、净零能耗的设计目标，秉承了"被动优先，主动优化，经济实用"的原则，集成应用了多项世界前沿的建筑节能、可再生能源应用和环境控制技术。高效能源利用系统主要有高效照明与控制系统、温湿度独立控制空调系统、地源热泵系统、中高温太阳能集热系统、能量回收利用系统等。2014年6月，中国建筑科学研究院近零能耗示范楼建成投入使用，实测结果显示，冷热源系统全年耗电量为8.4kW·h/m²，实现了建筑能耗为23kW/（m²·a）的目标。

2. 被动式超低能耗居住建筑

高碑店列车新城项目一期（图2-210），用地面积为13.5万m²，地上建筑面积为33.6万m²，地下建筑面积为6.24万m²。项目为实现近零能耗的设计目标，主要是通过建筑围护结构优化设计、自然通风与天然采光、气密性、热回收设备等居住建筑设计关键要素的分析与研究，构建了建筑能

图 2-209　中国建筑科学研究院近零能耗示范楼

（图片来源：李艾桦 摄）

提高外围护结构的保温性能　⬌　保证室内空气质量与温湿度

高效热回收新风系统
热回收率≥75%

节能门窗遮阳系统
$K$值≤0.8W/（m²·K）

气密性设计
N50<0.6/h

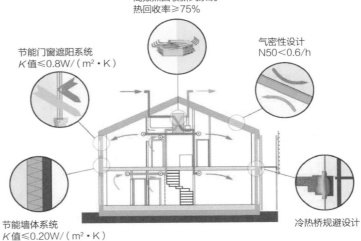

图 2-210　高碑店列车新城项目

（图片来源：北京市建筑设计研究院有限公司）

节能墙体系统
$K$值≤0.20W/（m²·K）

冷热桥规避设计

源高效利用的被动式超低能耗居住建筑技术体系，以达到建筑能源高效利用与节能的目的。项目获中国首个 PHI 国际被动房区域认证、国家"十三五"科技支撑计划"近零能耗居住建筑示范区"等，是国内规模最大的被动式超低能耗居住建筑小区。

## （二）环境营造：与人民的美好生活休戚与共

建筑室内环境营造的目的是要在建筑室内构建一个健康舒适、满足人们需求的人工环境，使人们精神愉快、生活健康、精力集中、提高办公和生产效率等。它涉及人体生理、热环境和空气品质等学科知识，不仅属于建筑工程领域学科，也属于包括了流行病学、心理学、人文与社会科学等多领域学科。建筑室内环境营造主要由建筑围护结构、供暖、通风、空调及照明等系统构成，涉及室内空气品质、室内热湿与气流环境、建筑光环境及建筑声环境等技术系统，并具有不同地域、不同气候及社会经济属性，是人类改造自然、追求自身发展的工程实践。下列案例诠释了目前我国建筑室内环境营造的新发展思路和技术。

### 1. 绿色建筑

历经 10 余年，我国绿色建筑已实现从无到有、从少到多、从单体到城市的规模化发展。绿色建筑的实践工作稳步推进，绿色建筑的发展效益也日益明显。《住房城乡建设事业"十三五"规划纲要》中提出到 2020 年城镇新建建筑中绿色建筑推广比例超过 50% 的目标，对创建节约型机关、绿色家庭、绿色学校、绿色社区等具有重要的指导意义；同时也为建筑室内环境的健康舒适提出了更高要求，为建筑室内环境营造提供了更广泛的应用场景。

若尔盖暖巢项目位于四川省阿坝藏族羌族自治州若尔盖县下热尔村，海拔 3500m，常年平均温度 1.1℃，全年拥有良好的太阳辐射。项目为构建适宜的室内环境，基于当地气象及经济条件，采用了以低造价、低能耗、易维护原则为设计策略，通过建筑规划优化、围护结构合理选用及最大限度地利用太阳能等措施，以及基于资源综合利用的被动式太阳能供暖技术，不仅实现了室内温度的可调节性及舒适性，也实现了供暖系统的零碳排放，为高原地区建筑室内环境营造提供了新方案。经实测最冷月份主要房间的室内外温差达 23℃以上，实现了建筑与环境的和谐共生目标。

2. 健康建筑

建筑室内是人们日常生产、生活、工作离不开的主要场所，其环境营造直接影响到人们的身心健康。《"健康中国 2030"规划纲要》中提出了包括健康生活、健康环境、健康服务与保障等领域的健康中国建设主要指标，而建筑作为上述领域的主要载体，营造健康舒适的室内环境不仅可满足人们的健康要求，也是实现健康中国的必由之路。

中国石油大厦地上 22 层，建筑面积 20.08 万 $m^2$，是我国首批获得健康建筑三星认证的办公建筑（图 2-211）。大厦为实现室内环境健康舒适的目标，遵循建筑设计"以人为本，健康舒适，整体最优"的原则，在空气品质方面，采用主动式净化、空气质量在线监测及中央吸尘系统等技术；在环境舒适方面，采用内呼吸式玻璃幕墙体系、低温送风空调系统、智能采光系统等技术；在人文方面，拥有中石油展厅、石油书店、健身房、共享生态中庭等文化健身场所，全面提升了建筑室内环境营造的健康性能，促进了使用者的身心健康，为室内环境营造提供了新的解决方案。

图 2-211 中国石油大厦

（图片来源：北京市建筑设计研究院有限公司）

# （三）智能科技：赋能智慧生活

## 1. 信息网络系统

在建筑信息通信中，存在着语音、数据、图像等各种形式的信息流，为了使信息能够在建筑中高效流通，需要为建筑搭建可供信息传输的通信网络。例如，北京市最高建筑中信大厦利用光纤、双绞线等通用性的传输介质，将各种信息流综合在标准的布线系统中，让现代建筑的信息系统有机地连接起来。

## 2. 建筑设备管理系统

人民生活水平的提高，促使人们对建筑所赋予的居住、休闲、办公环境提出更高的要求，建筑设备越来越多，有暖通空调、给水排水、供配电、电梯、供热等。例如，享有"冰丝带"美誉的国家速滑馆面对多样而分散的建筑设备，为了提高设备利用率，合理地使用能源，加强对建筑设备状态的监控，场馆借助建筑设备管理系统，根据设备运行要求，实现建筑物内电梯、水泵、风机、空调等机电设备的自动控制，在此基础上对设备运行数据进行分析，综合优化设备的控制策略，从系统角度出发挖掘设备运行潜力，充分发挥场馆内设备的整体优势，从而有效降低能源消耗，减少人员运维成本（图2-212）。

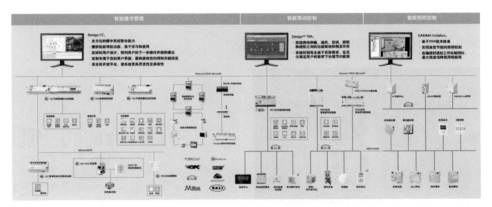

图2-212　国家速滑馆建筑设备管理系统示意图
（图片来源：国家速滑馆项目部）

小知识

　　建筑设备管理系统是指对建筑设备监控系统和公共安全系统等实施综合管理的系统，包括主站和分站。主站是指对整个建筑设备管理系统的运行进行监视、控制，提供人机界面、打印输出、存储等功能的中央控制器。分站是指对建筑设备管理系统的子系统或者局部系统进行控制的设备，将信息反馈给主站，并接受主站的控制。

### 3. 智能照明系统

　　建筑照明设计借助光线和阴影巧妙地美化建筑，丰富着人们对空间光环境的体验。例如，拥有目前世界最高中庭的丽泽SOHO利用智能照明控制系统充分结合计算机、网络通信、自动控制等技术，通过高精度传感器感知室内日照、光线、温度、湿度等各种环境信息的变化，依据采集的环境数据结合用户和场所需求，定制适宜的照明控制策略，实现分区分组、分场景、时钟分时、存在感应、调光调色等各种功能，打造更舒适的整体空间。高大中庭布设的线条灯具，通过智能调光控制展现立体形态，内部灯光勾勒的螺旋线条与外部投光灯映射的双塔幕墙完美融合，尽显建筑在夜空中的亮丽明眸（图2-213）。

图 2-213　丽泽 SOHO 照明
（图片来源：北京市建筑设计研究院有限公司，耿毅 摄）

### 4. 智能配电系统

随着通信和传感技术的发展，建筑供配电系统也逐步发展成为智能配电系统，并逐渐应用于商业、教育、医疗等各种公共建筑领域。例如，四川彭州第二人民医院通过更精密的终端传感器件，实时监控配电设备状态，并通过网关将监控数据实时传输到智能型的电力设备管理平台，通过数据检测和算法分析，一旦发现异常即可做到及时故障预警和报警提示，有效降低事故发生率，提高运行的可靠性、安全性和稳定性。在安全运行的基础上，对用电数据进行能效分析、电能质量分析，优化建筑用能策略，挖掘节能潜力，实现主动式智慧运维，不断提升建筑配电的绿色节能效益。

## （四）电气防灾：守护建筑安全

### 1. 电气消防系统

据应急管理部消防救援局 2020 年发布的数据，全国共接报火灾 25.2 万起。火灾一直是建筑安全的重大危险因素，直接威胁着人民的生命和财产安全，因此，建筑消防系统便尤为重要。例如，北京凤凰国际传媒中心利用火灾自动报警系统实现火灾早期探测和报警，向各类消防设备发出控制信号并接收设备反馈信号，进而实现预定消防功能。在实现探测和联动灭火的同时，消防系统可以在确认火灾发生后，控制警报器发出警报，应急照明灯具自动进入应急点亮状态，有效确保人员对疏散路径的识别和消防作业的顺利开展。目前，火灾自动报警系统已不仅是一种火灾探测报警与消防联动控制设备，同时也是建筑消防设备实现现代化管理的重要基础设施（图 2-214）。

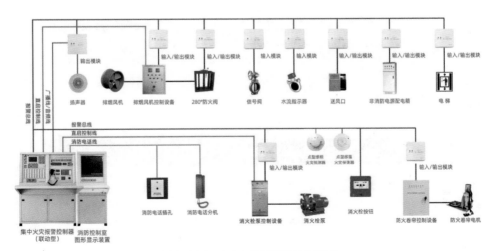

图 2-214　火灾自动报警系统示意图

（图片来源：北京市建筑设计研究院有限公司）

### 2. 综合安全防范系统

建筑安全可能受到人员非法进入、偷盗、破坏等事件的威胁，利用科技探测设备实现建筑监控已成为保护建筑安全的重要手段。例如，国家速滑馆设置的安全防范系统具有防破坏、防爆炸、防恐怖袭击和事先侦测功能，能够对视频监控图像进行智能分析并与突发事件响应相结合进行多重防范。同时将报警与出入口控制、人脸识别、电子巡查进行功能协同，实现检测、捕捉、识别和快速应急处理，能够在犯罪分子入侵建筑后，通过主动侦测、智能分析及时发现，遏制人员非法行为。该系统能改变传统的安防系统独立运作和被动的视频安防监控模式，构建建筑综合安防体系，有效保障场馆安全（图 2-215）。

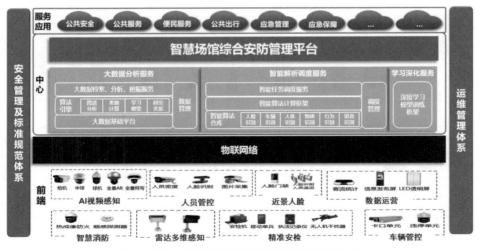

图 2-215　国家速滑馆综合安全防范系统架构示意

（图片来源：国家速滑馆项目部）

小知识

综合安防系统是指以安全为目的，综合运用实体防护、电子防护等技术构成的防范系统，预防、延迟或阻止入侵、盗窃、抢劫、破坏、爆炸、暴力袭击等事件的发生。其中，实体防护系统是指以安全防范为目的，综合利用天然屏障、人工屏障及防盗锁、柜等器具、设备构成的实体系统。电子防护系统则是以安全防范为目的，利用各种电子设备构成的系统，通常包括入侵和紧急报警、视频监控、出入口控制、停车库（场）安全管理、防爆安全检查、电子巡查、楼宇对讲等子系统。

### 3. 建筑防雷系统

雷电具有极大的破坏性，其电压可达数百万至数千万伏特，电流可达几十万安培。雷击会损坏建筑物或引起火灾，造成人身伤亡，也会造成电力系统停电等事故。同时，随着各种电子、微电子装备在各行业的大量使用，由于这些系统和设备耐过电压能力低，特别是雷电高电压以及雷电电磁脉冲的侵入所产生的电磁效应、热效应都会对信息系统设备造成干扰或永久性损坏，对雷电灾害的防护问题越来越引起人们的重视。建筑物及电子信息设备的防雷系统通常包括接闪器、引下线、接地装置、浪涌保护器等措施。

# 第三篇
# 中国建造的未来

# 一、畅想未来：科技改变生活

当前，新一轮科技革命正在加速推进，绿色化、信息化、工业化等新兴技术正在改变建筑业的发展形态。社会经济的快速发展，人们对美好生活新需求的变化，新时期国家提出大力推进生态文明建设，建设美丽中国，实现中华民族永续发展，在这样的时代背景下，建筑业正在经历一场深刻变革。

未来建筑是什么样子？未来建筑将如何发展？未来建筑采用什么方式建造……这些都离不开建筑的本质，建筑自始至今都在不断适应人的需求，朝着人们追求美好生活的意愿方向发展。

未来建筑将满足人在建筑中的多样化需求。未来建筑能够提供新鲜的空气、干净的水、充足的阳光、良好的通风、冬暖夏凉、健康幸福的空间。建筑能够感知人的需求，各种场景智慧切换，实现建筑与人的"心灵感应"。建筑室内环境可以根据四季变化以及每日室外环境的变化自动调整，创造出与自然相融合、启迪灵感的花园式生活和工作环境。

未来建筑不再是冰冷的钢筋混凝土建筑，是温暖的、有生命的，建筑更加关注人的心理健康、社交需求，能够提供交流、相聚的邻里生活空间，具有共享社区的生活模式，使人的幸福感成色更足。未来建筑使人拥有更加开放、共享的办公空间与环境，让员工可以更好地合作与交流，更能激发灵感与创造力。

此外，未来建筑还是一个微型发电厂、微型水处理厂、微型农场，将实现能源、水等资源的微循环及自循环再利用。未来建筑的建设将通过绿色建造、新型工业化建造、智能建造等方式，以能源零碳排、污染零超标、垃圾零废弃、安全零事故、质量零缺陷、工期零延误为目标，建造活动精益而高效，建筑工地融入城市风景，成为一道动态的景观。

## 二、未来已来：触摸时代质感

未来并非遥不可及，在新材料、新装备、新技术的有力支撑下，人们正从不同角度对未来建筑的发展进行实践和探索。未来建筑在绿色化、健康化、智慧化、可变化、人文化、精益化等方面充分融合并向更深更广方向发展。

### （一）回归自然：从心出发绿色化

你向往怎样的城市生活？与时代同行的繁华还是漫步园中的意趣？关于我们未来建筑的样子，不止一位电影导演、科幻小说家都给过答案。但比起漫无边际的想象，建筑师们已用实际行动为我们描绘出一幅未来建筑的绿色情景。

1. 能源自给自足，抵御资源危机

建筑正常使用离不开能源的支持，外界向建筑输入电力、燃气、热力等，以保证建筑内暖通空调系统及生活办公电器、照明、热水等系统的运行。有这么一种建筑，它自身能够利用可再生能源产能，而且每年生产的能源总量与维持建筑正常运行需要的能源总量相平衡,这种建筑就是零能耗建筑。

通过被动技术措施(如自然通风、采光、遮阳)降低建筑的能量需求,采用主动技术措施(如高效电器设备)提高建筑用能系统效率,降低建筑能耗,利用可再生能源降低建筑的化石能源消耗,实现年运行周期的"超低能耗""近零能耗""零能耗",甚至"产能"。

我国的第一个钢结构装配式超低能耗建筑是山东建筑大学教学实验综合楼(图3-1),该项目通过造型和布局优化,利用建筑自身的保温、隔热、遮阳、自然通风、天然采光等被动式措施,降低大部分建筑能耗;采用高效的采暖、空调、通风、生活热水设备进一步降低设备运行能耗;通过带有热回收装置的新风,以很小的能耗保障空气清新、湿度适宜;再通过光伏发电、太阳能热水等可再生能源进行能源替代,达到超低能耗要求,其供暖能耗比常规建筑降低85%以上,空调能耗降低60%以上。

图3-1 山东建筑大学教学实验综合楼项目——可再生能源应用(地源热泵)
(图片来源:中建科技集团有限公司)

天津中新生态城"0+小屋",小屋将智慧能源技术与绿色建筑技术相结合,采用了光伏建筑一体化设计,是天津市首个零能耗智慧建筑。小屋建筑面积135m²,最大限度地利用了屋顶和路面空间,采用光伏地砖、光伏路灯杆、光伏垃圾桶等,并在屋顶铺设了60块光伏板,总装机容量为

20.7kW。当光照条件较好时，每天可发电 60kW·h，太阳能成为小屋内各项用电设施的主要能源供给。

小屋运转半年多来共计发电 12 000kW·h，自身用电量达 7000kW·h，剩余 5000kW·h 供给电网，产能约为用能的 1.7 倍，完全做到了建筑用能自给自足。

2. 零碳设计，通往可持续发展

小知识

零碳建筑即整栋建筑碳排放量为 0，指在不消耗煤炭、石油、电力等能源的情况下，建筑全年的能耗全部由场地产生的可再生能源提供。主要应用技术包括光伏发电、太阳能光热、热泵技术、遮阳板、保温墙体、中空 Low-E 玻璃、阳光房、屋顶花园、雨水回收等。

联合国政府间气候变化专门委员会提出，若不把全球升温幅度控制在 1.5℃ 以内，2030 年之后，地球会迎来毁灭性气候，在所有温室气体造成的全球变暖中，二氧化碳起到的作用占到 63%。据有关统计，建筑领域产生的二氧化碳占全球二氧化碳总排放量的 40% 以上。因此，未来的建筑应是"超低碳排放"或是"零碳排放"。

宁波诺丁汉大学可持续环境研究院楼，采用了"零排放"建筑风光互补发电系统，利用太阳能及风能共同发电。外部倾斜的玻璃窗可以借助空气缓冲层带走部分太阳辐射，同时，大楼有收集贮存雨水并循环利用水资源的系统，真正实现用电用水自给自足，达到"零碳排放"。

上海世博零碳馆，是中国第一座可计量零碳排放的公共建筑，结合上海当地气候特征，就地取材，通过借助太阳能、风能和生物能实现能源"自给自足"，运用附近的黄浦江水，通过水源热泵对房屋进行天然温度调节。建筑采用的风帽－毛细管系统大大减少了建筑中新风和制冷带来的负荷。建筑的北面通过漫射太阳光培育绿色屋顶植被，由雨水收集系统和滴灌技术，自动对屋顶植被进行灌溉，这些植物不仅仅是作为装饰，还是中和碳排放不可缺少的角色。

建设垃圾收集系统，将垃圾进行循环利用。在零碳馆，垃圾废弃物经过处理能产生电热和肥料，另外一些可回收的废弃物，用来设计出对人类环境友好的家居用品，如艺术环保椅及其他装饰品。

3. 与自然对话

未来的建筑将不再是一个个冰冷的钢筋水泥盒子，而是一座座真正的绿色天然森林。利用先进的空中花园技术，实现层层有街巷、户户有庭院，撑开梦境一般的院落情怀，实现人与自然的亲切对话（图3-2）。

不难想象，在一个慵懒的午后，院中繁花碧草，孩子们追逐嬉戏，老人树下闲谈，年轻人花间漫步，恬淡而自然的生活不过如此。

---

**小知识**

第四代住房：将郊区别墅和胡同街巷以及四合院结合起来，建在城市中心，并搬到空中，形成一个空中庭院房，又称空中城市森林花园。使住房与绿化园林融合为一体，每层都有公共院落，每户都有私人院落，可以在院落中种花、种菜、养鸟、遛狗，甚至可将汽车开到空中家门口，建筑外墙也布满植物。第四代住房将彻底改变城市钢筋水泥林立的环境风貌，使家变成家园，使城市变成森林，使人类居住与自然契合并和谐共生。

图 3-2　成都七一广场第四代房屋

### 4. 共享设计

　　未来建筑将体现共享设计的理念，更加追求建筑使人幸福的本质，体现人性关怀和环境友好。通过场域共享，以更直观、"可触摸"的方式普及宣传绿色建筑，使绿色生活方式深入人心；通过空间共享，为各年龄阶层的人们提供交往、娱乐、休息、学习的场所；通过自然共享，让工作、生活不再是疲惫、劳累的代名词，建筑和自然有机融合，在建筑空间中尽情享受有生命的微自然世界。

　　深圳建科院办公大楼利用共享设计理念，成为办公人员、周边居民甚至小动物们的共享平台（图 3-3）。办公楼没有设围墙和大门，与城市公共空间融合，以积极的态度向每一位前来的市民展示绿色、生态、节能技术应用

图 3-3 深圳建科院办公大楼室外平台

（图片来源：深圳建科院）

和实时运行情况。

此外，办公楼里建设幼儿园"行学苑"的共享设计，使"带着爸爸妈妈来上学"成为现实。楼内大量的会议、接待和讨论都分布在室外的绿化平台上，员工在平台讨论工作，植物在此尽情生长，蝴蝶、蜜蜂、小鸟在此驻足，小兔子偶尔参与到"工作讨论"中。

5. 变废为宝

固废垃圾循环利用也是降低碳排放的路径之一。生活垃圾焚烧发电已经比较流行，餐厨垃圾就地处理设备已被部分社区所应用，利用处理设备可将剩菜剩饭转变成工业级混合油、生物燃气、肥料等产品；废纸、废玻璃等废弃物的循环利用，可大大节约木材、矿物质等资源，例如：1t 废纸可以造出850kg 好纸，可节约木材 300kg，约等于少砍 17 棵成材大树。

天津中新生态城利用气力垃圾输送系统运输生活垃圾。居民将垃圾分类投入垃圾收集口内，垃圾掉入深埋地下的垃圾管网入口，超声波传感器将探测到的信号传导到中央控制中心，自动控制入口阀门打开，在管网空气负压的带动下以 25m/s 的速度从地下垃圾回收管网中飞驰而过，大概 1min 左右，高速运动的垃圾就来到了位于生态城地下的中央垃圾收集站。等待垃圾的是生态城的微生物处理车间。在这里，垃圾中的油脂部分通过分拣、上料、好氧分解、油水分离、水处理，可提炼出废弃油脂，并最终生产出工业皂粉，用于相关立面的环卫保洁。而有机部分通过好氧分解技术转化为有机肥料，用于花草树木养护。垃圾不能回收利用的部分，则被密闭压缩后运到几公里外的汉沽垃圾焚烧发电厂，以电能的形式通过电网传回，为生态城再续光明。

## （二）拥抱健康：享受生活健康化

未来建筑以服务人的需求为核心，建筑将回归生活，回归到人本身，营造健康环境，创造一个更为友好、更为包容的人居环境，促进建筑使用者身心健康、实现健康性能提升，满足人们追求健康生活的需求和"健康中国"战略的需求。清新的空气质量、安全健康的净水、自然在家如沐森林的环境、随处可达的健身空间、健康和天然有机食品环境……在未来建筑中方方面面都能得到保证。

1. 洁净空气，畅享呼吸

未来建筑室内空气质量将是洁净、健康、富氧的好空气。自然通风与新风系统将不受采暖制冷相关联的局限，同时可实现自动调节室外新风量及洁净度，让人全天候感受自然新鲜的空气，呵护每一次健康呼吸。

2. 绿色装修，健康无污染

未来建筑采用无甲醛的绿色装修基材，装配使用无废料、无噪声、无粉尘、无污染的装修解决方案，并采用干式快速作业，即装即住。未来修缮也不用整体拆改，哪块坏了换哪块，哪个风格颜色不喜欢换哪个部位，不用担心二次装修带来的噪声、空气污染等问题。

3. 健康用水，健康之本

建筑内提供全面净化生活用水，轻松满足从厨房到饮用，从沐浴到洗衣的全方位用水，让饮水更健康，让洗衣餐具更洁净。社区内每个活动场地均提供有健康安全的饮用水站，无论是成人、儿童，还是家里的宠物，均可以得到及时的健康饮水补给。

4. 亲近自然，零距离

未来建筑将具有多样化的绿色生态环境，拥有植物、动物和水等各种自然景观，如同将建筑植入森林之中，在建筑中能够感受户外自然的温度和风感、日夜交替和四季变化，打消建筑和自然环境之间的界限。

社区里大规模的室外花园、绿地和宠物乐园，将提供人们亲近大自然的机会，提升住户的心理幸福感。把公园搬进家，院中有景，园中有水，景中有水，整个人居环境形成优美的天然生态屏障。

5. 活力建筑，运动融入生活

未来建筑将活力设计的理念融入建筑内部交通系统的设计与布局中，赋予不同空间以运动元素，将运动融入生活（图 3-4）。宽敞明亮的步行楼梯、架空的全天候健身场地、亲子乐园、有氧跑道、篮球场、足球场、户外泳池等全龄化的健身场所。无论是居家还是办公，充足的健身空间和设施将让你随时随地体验运动的乐趣，提高身体健康水平。同时所有的健身器械将搭载运动智慧健身系统，让运动不再孤单，让健康成为一种习惯。全面促使我们"站起来""走起来""跳起来""跑起来"，真正实现运动零距离、便利化、常态化、碎片化。

图 3-4　活力社区

（图片来源：视觉中国）

6. 健康服务，引导健康生活方式

未来社区设置果园、菜地、鱼塘等，均采用有机种植和饲养，实现所有东西自给自足，打造健康安全的天然食品环境（图 3-5）。融合智慧健康营养配餐系统，根据每人的情况量身定制专业的营养指导，让你的嘴和胃都吃得明明白白，从此不用担心发胖、过敏。

图 3-5　社区农场

（图片来源：视觉中国）

未来建筑配套健康服务体系，根据居住者的生活饮食等习惯，为居住者建立健康档案，时时随访居住者，从日常生活习惯、饮食结构、运动方式等多维度无微不至地守护居住者的健康。

## （三）灵活可变：顺时而动可变化

面对未来的不确定性，未来建筑将拥有最大限度的可变性与灵活性，利用柔性结构使建筑具有表皮适应性、建筑空间可变、家具可变、功能可变特征，使其具有最大可变性能力，满足不同使用功能需求。

### 1. 建筑表皮自适应

建筑就如同一个生命体，有自己的循环系统，也有一层与外界相隔离的"表皮"，它同样可以像生物的皮肤一样进行设计，像动物的皮肤一样起到保护、调节室内温度，排出室内污浊空气，适应于外界环境改变，形成一层可以"呼吸的皮肤"，可以识别天气、太阳光照、温度的变化，通过建筑表面自动调节室内温度、采光强度，根据环境的变化，达到建筑表皮的气候自适应能力（图 3-6）。

图 3-6　可变建筑表皮

（图片来源：中建科技集团有限公司）

2. 建筑空间可变

未来建筑可通过水平空间、垂直空间、散点空间复合设计形成建筑立体可变空间。建筑内部可预留高大空间，形成建筑"内胆"，并可根据需要植入不同功能空间模块，通过建筑内非承重建筑结构的形态、位置、尺寸等变化来调整使用功能和内部形态，充分释放建筑使用空间，最大限度满足人对

图 3-7　南京江北新区人才公寓项目 1 号地块
3 号楼效果图
（图片来源：南京长江都市建筑设计股份有限公司）

建筑的可变需求，持续且灵活地应对未知的未来。

南京江北新区人才公寓项目 1 号地块 3 号楼采用了开放性的结构体系（图 3-7），减少了竖向的支撑构件，减少分隔，实现了大开间灵活可变。基于建筑标准化和通用化设计，项目在垂直维度上具有很高的灵活性。所有楼层除核心筒外，无任何特定功能化的竖向管井，使得建筑各层空间具有最大化的通用性和灵活性。在全生命周期内可以结合需求的变化，对垂直空间中的功能模块进行切换和重组，大幅提高了建筑的适变性。

项目的户型模块化设计使不同标准层可以随意地对住宅空间进行分割组合，轻松地实现不同面积的户型组合。项目选择了多种户型，可以充分满足不同住户的差异化需求，并且在使用中，通过对户内轻质灵活的内隔墙系统进行适当调整，即可灵活响应住户的多需求变化（图 3-8）。

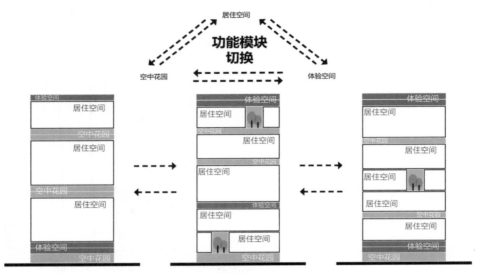

图 3-8　南京江北新区人才公寓项目 1 号地块 3 号楼功能模块可变性
（图片来源：南京长江都市建筑设计股份有限公司）

### 3. 家具可变

在居住空间中可以通过可变化的家具及不同的组合模式来分割空间，提高居住空间的利用率，满足多样化的生活需求。在办公空间中可以采用符合人体工程学设计要求的可调节办公桌椅，为员工提供自由和舒适的办公模式。采用可升降电动桌，只需按动升降按钮，桌板就可以自动调节高度，适合不同身高的人办公，这种实现"坐站"结合的健康工作模式，可以让办公与休憩结合，不仅满足员工健康办公需求，还能提高工作效率。

### 4. 功能可变

通过建筑功能转化设计，使空间在精细化的设计当中达到更高的使用效率，让建筑空间和设施具有多样化功能模式，实现多种生活场景转化，与人们不断变化的生活方式相匹配。例如，上海阿科米星建筑设计事务所设计了基于核心场景模块柔性倍增居住空间，可实现多功能智能转化，在空间和结构无需变化的情况下，运用了智能立库系统、移动搬运机器人、智能化交互与控制系统、物联网系统等技术，方便快捷地完成了居住、办公、娱乐、健身等不同生活场景的转换。

## （四）智慧赋能：永远在线智慧化

未来的智慧建筑将实现对互联网、物联网、区块链、人工智能、大数据、云计算等新一代技术的广泛应用，成为具有感知、传输、记忆、推理、判断和决策等综合智慧能力的建筑。高效的计算机软硬件和网络、高品质传感器、高度可控的设备成为智慧建筑的"大脑""眼睛"和"手"，成为一个具有感知和永远在线的"生命体"，一个拥有大脑、自进化的指挥平台，一个人、机、建筑物深度融合的开放生态系统。

未来的智慧建筑是能"感知"的建筑，能够监测并存储对人、物、环境的信息、数据等，具有实时感知、自动故障检测、自诊断及自适应能力。

采用沉浸式会议室，可实现清晰准确的声像同位，还能实现听声辨位、唇音同步等极具空间感的音频效果，让人与人的交流，不再局限于传统视频会议的语音与图像，连眼神沟通都可进行捕捉传达，即使身处异地也能有"共处一室"的真实感受（图3-9）。

图 3-9　中国建筑
沉浸式会议室
（图片来源：中国
建筑公众号）

未来的智慧建筑是懂"精算"的建筑，具备海量运行数据的采集与分析处理能力，通过智能感知设备采集和分析处理建筑运行数据，能够利用绿色技术最大限度地节约资源，保护环境，减少能源消耗，使建筑物内形成模拟大自然的微循环。

通过智慧能源管理平台，对空调系统冷冻站的冷热源、水泵、实际使用负荷、末端户内温湿度、能耗、报警等运行参数进行实时检测和分析，并对所记录的大数据进行分析处理，使空调控制、光照管理、温湿度调节、安全保护等多个方面协同工作满足个性化的需求，同时实现建筑绿色节能运营（图 3-10）。

图 3-10　智慧能源管理平台
（图片来源：中建科技集团有限公司）

采用智慧照明系统，可依据人员会议出席情况及在岗情况，通过手机联动自动调节会议室及办公区亮度；通过智慧控制系统实现单灯多控，能有效地进行绿色节能和灵活照明的匹配。

未来的智慧建筑是懂"服务"的建筑，通过引入智能终端、机器人、可穿戴设备等体现出"人机物"深度融合，实现了"人机物"的互动和对话，在智慧建筑中，工作更加高效，生活更加便捷。

智慧家居将个人健康信息档案等内容汇集终端（图3-11），可以对空气、水、食品等提供安全监测、预告以及运动健身、食品营养等健康管理服务；为老年人提供包括应急服务、一键式上门服务、远程健康咨询、身体状况监测、实时健康提醒、老人位置监控等居家养老服务；提供视频点播、网络音乐、在线游戏、社交互动、社区信息、网上购物等信息服务；可以提供远程视频授课、在线课堂讨论、个性化教学等远程教育服务；提供家庭影院、智能家电、场景照明等家居服务；通过各种传感器、摄像机、门禁控制器等安防监测设备为住宅提供入侵报警、防火、防意外等安防功能的综合性服务。

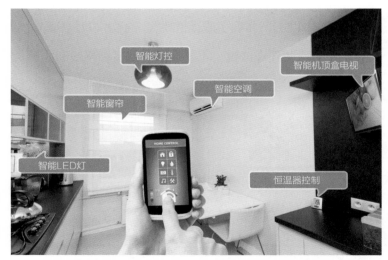

图3-11　智慧家居服务系统
（图片来源：视觉中国）

智慧办公集成包括快递、洗衣、报修申请、运动健身、访客放行、法律咨询、餐饮配送及会议室预约等几十项针对写字楼客户需求的服务模块，实现无缝连接，智慧完成服务全覆盖，极大地提升了服务体验。

## （五）文化传承：建筑内涵人文化

建筑作为人类社会发展和人类活动的重要载体，是历史发展的见证，传承着人们的地域文化与精神。无论是传统建筑还是现代建筑，都是以人为最基本的服务对象，未来建筑更应如此。以人为本的建筑理念不仅包括功能和空间的宜人性，还应把人类的情感归属、历史文脉纳入建筑体系中。

### 1. 建筑文化的地域表达

建筑是具有个性的存在，设计与建造的过程中也必须充分考虑所处地理位置、用户风俗习惯、民族习惯等。未来建筑将尽可能地继承和发扬地域建筑的历史文化精神，将历史文化与现代生活、时尚精神有机融合，向史而新。

2019 年北京世园会中国馆的设计方案完美诠释了"本土设计"的创作理念（图 3-12），体现了厚重的地域文化，讲述了美丽的园艺故事，汇聚了中国生态文明建设成果，不仅让我们欣赏到美妙的园艺，更体现了中国与世界追求绿色生活、共享发展成果的理念，切实践行"生态为底、文化为

图 3-12 北京世园会中国馆
（图片来源：视觉中国）

魂"，取名"锦绣如意"，不仅体现了中国园艺文化的内涵，也恰恰是我们中华民族最好的软实力。

2.建筑与乡愁

在人居环境范畴内，"乡愁"的对象是特定"场所"及其"场所精神"。"乡愁"作为一条情感线索，不仅仅是个人的感情抒发，更是一个民族的精神家园。"留住乡愁"即留住人们对曾经习惯的生产生活方式的记忆、保留人们相对熟悉的环境，对于应对城镇化带来的乡情乡景变化、提升城镇建设品质、实现人们对美好生活的向往有重要的意义。

在传统乡村聚落的现代呈现上，杭州富阳东梓关回迁农居做出了有益的尝试。在规划组织上，从基本单元生成组团，再由组团演变成村落的生长模式，与传统中国古建筑的群体生成关系逻辑相一致，私密院落与开放空间镶嵌其中，有助于邻里交往及居民归属感的形成。在建筑设计上，遵循当地堂屋坐北朝南，院落由南边进入的习俗，在院内考虑洗衣池、农具间、杂物间、电瓶车位、空调设备平台、太阳能热水器等使用设施，改善生活条件的同时，将村民生活、生产方式和传统院落情结相结合。在建筑风格上，没有直接使用传统样式，而是对江南建筑曲线屋顶这一元素进行解析和提炼，巧妙地再现传统江南建筑白墙黛瓦的肌理和质感，置身其中感受到的是满满的民族风情和江南韵味。

## （六）新型建造：使命使然精益化

未来建筑采用绿色智慧的新型建造方式，工地将实现无环境污染、无资源浪费，全部材料能够循环利用，建造活动精益而高效，建筑工地本身已成为城市的旅游景点、动态景观。

1. 建筑垃圾"零废弃"

　　未来建筑将大量采用可循环和再利用的建筑材料、土建和装修一体化设计，并采用装配式装修，从设计源头上减少建筑固体废弃物的产生。采用先进工艺和技术，施工过程只产生极少量的建筑垃圾。建筑垃圾资源化利用已经成为建筑垃圾处理的主要方式，建筑垃圾回收后大部分经过有效处理重新成为建材得到重复利用。同时对粉煤灰、矿渣、煤矸石等其他固体废弃物经过再加工，作为原材料生产砌块、再生混凝土，也在建筑中资源化循环利用，全面改善城市环境质量（图3-13）。

煤矸石

煤矸石多孔砖

煤矸石烧结砖

煤矸石路基

图3-13　煤矸石再利用
（图片来源：中建科技集团有限公司）

2. 像造智能手机一样造房子

　　新一代信息技术与建筑业融合发展，未来建筑建造如同生产智能手机，采用高度智能化生产线实现构件、部品部件生产的少人甚至无人工厂；采用智慧工地实现全面精细化管理，采用机器人代替人力完成脏、累、苦、险作业。

　　未来建筑的建造以智能建造平台为控制中枢，采用"云桌面"的工作方式实现协同设计、虚拟建造、工程管理，实现信息快速共享和工作高效协同（图3-14）。

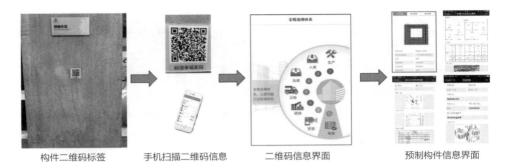

| 构件二维码标签 | 手机扫描二维码信息 | 二维码信息界面 | 预制构件信息界面 |

图 3-14 二维码识别系统

（图片来源：中建科技集团有限公司）

未来建筑的建造工地现场的机械设备实现与中央指挥平台实时"会话"，高效有序进行作业。BIM 和 VR 等技术识别、分析和记录项目参数、成本和进度，有效避免风险；地砖铺贴机器人、钢筋绑扎机器人及 PC 内墙板安装机器人等将被大量使用，人的创造力和决策能力得到充分发挥与响应（图 3-15）。

焊接机器人

组装机器人

打磨机器人

蓝光检测机器人

图 3-15 集成卫浴机器人生产线（一）

包装机器人　　　　　　　　　　搬运机器人

图 3-15　集成卫浴机器人生产线（二）

[ 图片来源：住房和城乡建设部智能机器人调研报告（美的工厂）]

# 三、拥抱未来：喝彩美丽中国

很多人可能都畅想过未来的工作和生活，未来我们在建筑中如何工作生活，现在我们以未来办公建筑为例，畅想在未来建筑中的一天如何度过。

· 进入未来建筑

早晨进入大厦，车辆入口探测器自动读取车辆信息、智能泊车机器人自动导引停车。人员经过人脸识别系统无接触通行，智能物联电梯可识别员工楼层，电梯也可手机预约、无接触控制。

走出电梯进入室内办公环境，这里有多样性生物环境，小树林里的办公室、花园里的会议室、各种植物点缀的走道、种满各种植物的生态墙……，如同建筑融入公园之中，具有被植物和自然景观包围的沉浸感。办公环境具有清新的空气、安全的饮水、充足的采光、舒适的温湿度……，可以给员工提供健康舒适的工作环境。

办公环境微气候可智能化调控，办公室光线根据室外阳光的强弱和员工需求进行自动调节。系统可以智能调节到最舒适的温度、湿度、光环境，随时切换背景声音，如流水、海浪、鸟鸣等。

· 办公

云桌面、触摸显示屏、全息投影、VR、智能办公桌等智能设备和办公方式，可以实现办公更自在、沟通更便捷。办公方式也是多样化与个性化的，大厦里有单人工作区、多人协作区、短时间讨论区、头脑风暴区、创新电话室等，满足不同类型的办公需求。对非固定办公需求员工，还提供了流动工位，不仅有效地利用了空间，还为员工提供互动的空间和机会。此外，阅读区域、交流区域、娱乐区域、休闲活动区域、咖啡间都融入共享办公空间中。

· 会议

智能会议系统提供线上预约、服务定制、自动通知、会议导引、多媒体、会议记录等功能，支持远程多场景、多终端设备同时切入，集中展现。沉浸式会议室可以呈现面对面真实的会议室效果，全息影像会议可以让不同空间的参会人员进行"面对面"会议。

· 茶歇

办公区智能助手在员工长时间电脑工作时进行休息提醒，提示员工喝水、活动身体、休息眼睛、适当活动等。员工在工作一段时间后，可到大厦生态绿化区零距离接触"公园"，这里设置各类交流和独处场所，如咖啡茶饮区、步道区、运动区、社交区等，在这里可以很好地放松、活动、休息、交流。

· 午餐

大厦里的中餐厅、西餐厅、清真餐厅、素食餐厅等多样化餐厅，可满足不同人群需求。室内微型农场，为员工提供天然有机蔬菜、粗粮全谷物以及鱼类，健康营养配餐系统为员工量身定制专业的营养指导，就餐信息上标明饭菜的重要营养信息，如食品热量、蛋白质、脂肪、盐等营养素。智能机器人厨师、机器人送餐、人脸识别支付、服务机器人智能清扫等可提供全流程的智能服务。

・午休

大厦设置了各种休憩区，包含多种主题或场景午休室等，员工可在午餐后前往休憩。办公椅可智能变换成躺椅，提供短暂休息。午休时间办公环境也会自动变化，遮阳板自动放下，灯光变暗，温度适度调整，进入安静舒适的午间休息模式。

・来访和参观

来访人员信息提前录入访客系统，来访人员和车辆可以无感进入园区和大厦。客户进入电梯后，系统自动提醒会议接待。通过三维数字化、虚拟与实体模型、多媒体互动方式可以给参观人员呈现企业文化、项目、产品、成果等。此外，大厦还有未来建筑和建造展示中心，在这里来访团队能够参观和体验科技前沿技术、产品和工艺，如微风风力发电树、空气取水饮水机、无缆绳磁悬浮电梯、智能厨师等。

・下班

智能设备对当天工作进行分类、总结、归档；智能助手将第二天的工作安排传送到员工手机。大厦系统进入自调节状态，检测设备的运行情况，不使用的设备开始休眠。

下班后进入多元化的服务共享的社区，开始丰富多样生活。社区能够提供 5min 交通出行、10min 日常生活、15min 休闲娱乐的生活圈，还配套了托幼中心、图书馆、健身房、便利店、餐厅等公共服务设施，给员工及周边居民提供丰富多样和便捷的日常生活。下班后员工可以很便捷地到幼托中心接孩子，在图书馆休闲阅读，去健身房锻炼身体，和朋友同事聚会……享受轻松愉悦的下班生活。

· 结语

在党和国家的领导下，中国建造发生了质的飞跃，中国建造将建设更加美丽的中国，为人民打造美好的生活环境，使人民获得感成色更足和幸福感更可持续。中国建造必将走向世界舞台，引领全球建造水平的高质量发展，为构建人类命运共同体作出中国贡献。

未来可期，中国建造会更加深入地贯彻以人为本和绿色发展理念，向"绿色、健康、智慧、可变、人文、精益……"更深更广的层次发展，尤其是科技的日新月异，将为中国建造注入新的科技元素，让中国建造不断焕发新生机。未来，人、建筑、自然将更加和谐，成为不断成长的共同生命体。

我们每个人与中国建造的未来息息相关，我们每个人都在推动中国建造向更加美好的未来发展。未来，中国建造将会朝着人们美好生活需求发展，积极贯彻绿色发展理念，建设未来建筑。拥抱科技、拥抱未来，让我们为美好生活喝彩、为美丽中国喝彩。

# 参考文献

[1] 杜长凯，杨光，魏慧娇，等．一汽－大众系列厂房绿色节能设计理念与实践 [J]. 建设科技，2017（14）：26-28.

[2] 盖宏伟，李孟冬．高校经济圈的形成条件与结构形态 [J]. 经济导刊，2011（4）：37-38.

[3] 刘伯英，胡戎睿，李荣，等．既有工业建筑非工业化改造技术研究 [J]. 工业建筑，2018，48（11）：1-8.

[4] 刘强．智能制造理论体系架构研究 [J]. 中国机械工程，2020，31（1）：24-36.

[5] 孟璠磊．论"工业建筑"到"工业建筑遗产"的四个发展阶段 [J]. 工业建筑，2019，49（5）：1-6.

[6] 孟卫东，司林波．高校经济圈与城市经济的互动发展 [J]. 中国石油大学学报（社会科学版），2012（1）：104-108.

[7] 全健儿．近现代医疗建筑的发展初探——兼论发达国家医疗建筑发展对中国的影响 [D]. 上海：同济大学，2008.

[8] 徐延军，沈浩，等．大数据与人工智能助力中国"智"造 [J]. 中国发展，2020，20（1）：19-23.

[9] 余雪松．新时代，我国 OLED 产业开启新征程 [J]. 新材料产业，2018（1）：8-13.

[10] 章明，张姿，丁阔，等．中国 2010 年上海世博会城市未来探索馆——南市发电厂主厂房改扩建工程 [J]. 建筑学报，2009（7）：6-8.